高等学校土建类专业应用型“十四五”规划教材
高等学校土建类专业“互联网+”创新教材

绿色建筑与绿色建造

（第2版）

主　编　陈吉光　马海滨
副主编　孔永臣　朱　峰

武汉理工大学出版社
·武　汉·

内 容 简 介

本书依据我国建筑行业最新的发展状况和高等学校土建类专业应用型人才培养的最新目标，结合编者团队多年的教学和工程实践经验，以及最新的《绿色建筑评价标准》《建筑工程绿色施工规范》《建筑与市政工程绿色施工评价标准》《建筑工程绿色建造评价标准》等国家和行业标准规范组织编写。全书共6章，主要内容包括：第1章主要介绍绿色建筑的概念以及绿色建筑在国内外的发展状况；第2章主要学习国外以及我国的绿色建筑评价标准；第3章主要学习绿色建造的概念与意义以及绿色建造的发展；第4章主要学习绿色建造技术发展主题、绿色建造的主要技术和绿色建造评价；第5章主要学习绿色施工的概念、原则、总体框架和绿色施工的内容；第6章主要学习绿色施工评价方法及其评价指标。

本书可作为高等学校土木工程、建筑学、建筑环境与能源应用等专业的教材，也可供相关工程技术人员参考使用。

图书在版编目(CIP)数据

绿色建筑与绿色建造 / 陈吉光，马海滨主编. 2版. --武汉 ：武汉理工大学出版社，2024. 6.

ISBN 978-7-5629-7066-8

Ⅰ. TU201. 5

中国国家版本馆CIP数据核字第2024WD2224号

项目负责人：王利永(027-87290908)
责 任 编 辑：王利永
责 任 校 对：张明华
版 面 设 计：博壹臻远
出 版 发 行：武汉理工大学出版社
地　　址：武汉市洪山区珞狮路122号
邮　　编：430070
网　　址：http://www.wutp.com.cn
经　　销：各地新华书店
印　　刷：湖北金港彩印有限公司
开　　本：787×1092　1/16
印　　张：14
字　　数：358千字
版　　次：2020年9月第1版　2024年6月第2版
印　　次：2024年6月第1次印刷
定　　价：50.00元

凡购本书，如有缺页、倒页、脱页等印装质量问题，请向出版社发行部调换。
本社购书热线：027-87391631　87523148　87165708(传真)

前言

Foreword（第2版）

随着我国社会经济和科学技术的快速发展，人们的生活水平不断提高，资源短缺和环境污染问题开始得到广泛关注，绿色建筑、绿色建造及绿色施工成为土木建筑领域发展的主要方向，这对提高建筑业的整体技术水平、规范建筑设计与施工、保证建筑工程的节能环保都具有十分重要的意义。绿色建筑、绿色建造及绿色施工是建筑业中重要的环节，在建筑工程中发挥着重要的作用。

此次改版除保留原有的知识体系外，依据最新的《绿色建筑评价标准》《建筑工程绿色施工规范》《建筑与市政工程绿色施工评价标准》《建筑工程绿色建造评价标准》等国家和行业标准规范进行了修订，突出了绿色建筑、绿色建造及绿色施工的实用性、应用性及可操作性，并对绿色建筑、绿色建造及绿色施工进行了全面介绍，修订后具有以下一些特色。

(1)体系更加完整

与已经出版的第1版教材相比，此次修订增加了绿色建造评价部分，使得内容体系更加完整，知识脉络更加清晰明确。

(2)应用性更强

绿色建筑评价、绿色建造评价和绿色施工及评价是不断发展的，作为教材要与时俱进，但对基本概念和基本原理还要保持其稳定性，因此此次修订与创新主要体现在：新增了绿色建造评价内容，更新了绿色施工及评价的部分内容，使之与现行国家和行业标准规范保持一致；增加了大量的图表内容，方便学生学习和理解应用；同时，在绿色建筑、绿色建造、绿色施工三部分结尾加入实际工程案例，有助于学生将理论和实际紧密结合。

(3)读者范围更广

此次修订将绿色建筑及评价、绿色建造及评价、绿色施工及评价集合到一本书当中，这种知识融合能够帮助读者对绿色建筑、绿色建造及绿色施工的基本概念、发展过程、技术实施、评价方法及相互关系有全面系统的了解，因此本书除了可应用于高校教材外，也可作为建筑业岗位培训教材及继续教育用书。

本书由吉林铁道职业技术学院陈吉光、吉林安装集团股份有限公司马海滨担任主编，吉林省建筑业协会孔永臣、吉林省建筑业协会朱峰担任副主编。其中，朱峰编写第1章，陈吉光编写第2章和第5章，马海滨编写第3章和第4章，孔永臣编写第6章。全书由陈吉光负责最终的统稿工作。

为使本书涉及面广、实用性强、内容丰富而完整，编者参考了大量国内外专家学者的图书、文献和网络资料，在此表示由衷的敬意和衷心的感谢！

由于编者水平有限，书中难免有错误和不妥之处，恳请广大读者批评指正。

编　者
2024年3月

目录 Contents

1　绿色建筑

1.1　绿色建筑的概念

1930 年，美国建筑师富勒(Buckminster Fuller)完成了一座名为 Dymaxion House 的节能房屋设计，并在 1945 年根据其设计构想，实地对建筑进行了阶段性的建设，建筑的主要材料是金属铝。该建筑拥有良好的通风系统，同时有水的回收手段，实现了对资源的循环利用，达到了以少量的自然资源来满足建筑正常运行的目标。

1969 年，美籍意大利建筑师保罗·索勒里(Paola Soleri)结合生态与建筑两个概念，提出将 Ecology(生态学)和 Architecture(建筑学)两个单独的英文单词组合为 Arcology(建筑生态学)，首次在全世界提出了“生态建筑”的概念。

绿色建筑能够与自然和谐共生，完全符合当今社会所倡导的可持续发展理念。在我国的《绿色建筑评价标准》(GB/T 50378—2019)中，将绿色建筑定义为在建筑物的全寿命周期内，节约资源、保护环境、减少污染，为人们提供健康、适用、高效的使用空间，最大限度地实现人与自然和谐共生的高质量建筑。绿色建筑考虑建筑物的整个生命周期(选址、规划、设计、建造、运营)，以最大限度地保护资源和环境，为人们提供健康有效的空间利用，其不仅要遵循建筑形式和功能的规则，还要纳入生态的规律，最大限度地实现自然生态的和谐，以实现社会的可持续发展。

【扫码演示】

随着社会经济的快速发展和节能环保意识的增强，人们对更健康、更舒适的生活空间的需求也在不断增长，绿色低碳发展的要求将进一步提升。2022 年，住房城乡建设部发布了《“十四五”建筑业发展规划》，提出了未来五年建筑业的总体发展目标，其中，到 2025 年，绿色建造政策、技术、实施体系初步建立，绿色建造方式加快推行，工程建设集约化水平不断提高，新建建筑施工现场建筑垃圾排放量控制在每万平方米 300 吨以下，建筑废弃物处理和再利用的市场机制初步形成，建设一批绿色建造示范工程。目前，虽然我国的绿色建筑的数量增长迅速，但是与总建设量相比仍有相当大的提升空间，面对公众的迫切需求，需要政府、开发商、设计师以及用户共同努力，促进绿色建筑以更加合理的方式健康发展。

1.2 绿色建筑的发展状况

1.2.1 绿色建筑国外发展状况

追根溯源，绿色建筑出现于“生态建筑”“节能建筑”之后，从历史的视角看很容易找到其进化脉络与区别。“生态建筑”这一概念在20世纪60年代出现，提倡把生态与建筑相结合；“节能建筑”这一概念出现在20世纪70年代的能源危机时期。与“生态建筑”相比，“节能建筑”更为具象化，低能耗是其主要内涵，在保证舒适度的情况下高效使用能源是其本质，之前有人解读为不使用设备、不消耗能源即为节能，这是相当片面的。

正因为从用户层面到国家层面都有强烈的节能需求，所以与“节能建筑”相关的体系完善得很快，应用范围也逐步扩大，诸如提高能源利用率、减少建筑物能耗、加强保温隔热措施、有效使用自然(可再生)能源、加强节能管理工作、提倡行为节能等。在这方面西欧国家的相关体系更为成熟，因此我们现行的“节能建筑”体系主要就是参照了西欧国家的内容，并考虑了美国的相关做法，再结合我国国情形成了目前的工作构架。

在“节能建筑”的基础上，欧洲的一些国家提出了“可持续建筑”(Sustainable Building)和“生态建筑”(Ecological Building)的概念，日本提出了“环境共生建筑”(Environmental Symbiosis Building)，北美国家提出的则是“绿色建筑”(Green Building)。1990年，全球首个绿色建筑评价体系 BREEAM(Building Research Establishment Environmental Assessment Method，建筑研究院环境评估方法)在英国颁布。1992年，在巴西里约热内卢召开的联合国环境与发展大会上，“可持续发展”这一理念得到与会人员的普遍认同，从而达成共识，“绿色建筑”概念自此初步形成。

1993年，美国成立了绿色建筑协会(U.S. Green Building Council)，并在1998年建立并推行了绿色建筑评价体系(Leadership in Energy & Environmental Design Building Rating System)，国际上简称为LEED。这个评价体系的主要服务内容包括：“为建筑、社区提供第三方认证。项目如果在节能、节材、节水、减少二氧化碳排放、应用新能源、提高室内环境品质方面有突出表现，就有可能通过认证。”

除此之外，大量发达国家和地区都基于自身的国情与气候特点，先后制定了适用于本土的绿色建筑评价体系，例如德国的DGNB、日本的CASBEE、瑞典的Eco-effect、挪威的Ecoprofile、加拿大的GBTOOL、荷兰的GreenCalc、澳大利亚的NABERS、法国的HQE(Haute Quality Environ)、芬兰的Promis E、意大利的Protocollo。再如，新加坡则在初始的示范之后，以规划和立法的形式确立绿色建筑为建筑业发展的方向。

推进绿色建筑工作较为成功的美国、日本、英国、德国等国均基于本国国情设置绿色建筑评价与发展体系，以科学、规范地管理和指导绿色建筑的发展。倡导和推广绿色建筑不是纸上谈兵的空泛话题，而是迫在眉睫的发展使命和社会责任；绿色建筑相关技术体系所涉及的内容不是生涩难懂的专业课题，而是切实可行的节能与环保措施，是为终端用户带来实际效益的措施。一方面，在国家制度层面通过制定一系列政策去强制和引导房地产开发企业申请绿色建筑认证；另一方面，在地方政府层面强行要求达到或超过规定面积规模的新建建筑以及政府投资的新建建筑符合绿色建筑标识的要求，并对业主给予税收等有关费用减免、扣除的奖励，对获得评价标识的新项目给予快速审批并降低审批费用，还可根据获得的评价标识级别给予不同程度的奖励。

综上所述，绿色建筑现已是世界范围内的共识，绿色建筑从理念变成了具体的实际工程，发达国家纷纷按各自情况制定相关的法规与标准，并逐步完善，形成体系。现各国以百舸争流之态势去节约资源、节约能源、减少环境负担，这已成为全球建筑发展的新方向、新潮流。

1.2.2 绿色建筑国内发展状况

早在20世纪80年代我国就开展了建筑节能工作，而绿色建筑工作则可以将1992年在巴西里约热内卢召开的联合国环境与发展大会视为起点。国务院于1986年发布的《节约能源管理暂行条例》，就已经明确要从源头抓起，即在设计环节就要考虑并采取措施减少建筑能耗，目前已形成《中华人民共和国节约能源法》《民用建筑节能条例》《公共机构节能条例》等完备的法律法规体系。1991年，“八五”计划就提出了“推广节能、节地、节材住宅体系”，这与后来绿色建筑的“四节一环保”理念只差了“节水”和“环保”。

我国在绿色建筑方面施行的政策，经历的几个阶段可以概括为“建筑节能”“节能省地”“四节一环保”。例如，“节能”起于1986年颁布的《节约能源管理暂行条例》；“节材与节地”起于1991年发布的《国民经济和社会发展十年规划和第八个五年计划纲要》(以下简称“八五”计划)；“节能省地”放在一起提出的是2004年召开的中央经济工作会议；从国家战略的高度来明确“建筑业要推广绿色建筑、绿色施工”的则是2011年发布的《国民经济和社会发展第十二个五年(2011—2015年)规划纲要》提出的要求。

党的“十七大”提出要建设资源节约型、环境友好型社会，必须贯彻执行节约资源和保护环境的基本国策；坚持开发节约并重、节约优先的方针，大力发展循环经济……继续推进重点生态工程建设。其中，资源节约型社会，是指以能源资源高效率利用的方式进行生产、以节约的方式进行消费为根本特征的社会。它要求在生产、流通、消费的各个领域，在社会经济发展的各个方面，以节约使用能源资源和提高能源资源利用效率为核心，以节能、节水、节材、节地、资源综合利用为重点，以尽可能小的资源消耗，获得尽可能大的经济和社会效益，从而保障社会经济的可持续发展。所以，当前建筑业的口号已经不仅仅强调建筑节能，而是从强调降低能耗与保护环境的角度将建筑节能与绿色建筑并重。

2004年9月，建设部设立“全国绿色建筑创新奖”，标志着中国的绿色建筑工作进入了全面推进阶段。这是贯彻落实科学发展观的具体呈现，也有力地促进了保护环境、节约资源和建设事业可持续发展，亦有力地促进了绿色建筑与相关技术的健康发展。

2005 年 3 月底召开的首届(此后每年都在这个时间召开一届)国际智能与绿色建筑技术研讨会暨技术与产品展览会上，公布了首届“全国绿色建筑创新奖”获奖项目及单位。同年 10 月底，建设部会同科技部一起印发了《绿色建筑技术导则》。

2006 年 3 月，建设部和科技部签署了“绿色建筑科技行动”合作协议，为绿色建筑技术发展和科技成果产业化奠定了坚实基础，并颁布了当年 6 月起施行的《绿色建筑评价标准》，同时还制定了《全国绿色建筑创新奖评审标准使用规则》，编制了《全国绿色建筑创新奖评审标准》。

2007 年 7 月，建设部组织在全国范围内申报“绿色建筑示范工程”和“低能耗建筑示范工程”(即“双百示范”工程)，形成了一批以科技为先导、以节能减排为重点、功能完善、特色鲜明、具有辐射带动作用的示范工程。同年 8 月，出台了《绿色建筑评价技术细则》(试行)和《绿色建筑评价标识管理办法》(试行)，绿色建筑评价体系进一步得到完善。

2008 年 3 月底，于 2007 年筹备的中国城市科学研究会节能与绿色建筑专业委员会(即中国绿色建筑委员会，China Green Building Council)在北京成立。同年 3 月，建设部改组为中华人民共和国住房和城乡建设部(以下简称“住房城乡建设部”)。同年 8 月 1 日，国务院发布了《民用建筑节能条例》，于 10 月 1 日起施行。

2009 年 8 月底，全国人民代表大会常务委员会通过了《关于积极应对气候变化的决议》，提出“发展绿色经济、低碳经济”，以促进节能减排。11 月底，国务院常务会议经研究决定“到 2020 年我国单位国内生产总值二氧化碳排放比 2005 年下降 40%～45%”，并在 12 月份由时任国务院总理的温家宝在哥本哈根气候变化会议上向世界公布。

2010 年年底，住房城乡建设部印发了重新制定的《全国绿色建筑创新奖实施细则》和《全国绿色建筑创新奖评审标准》，用以加强全国绿色建筑创新奖的管理及评审工作。

2011 年 3 月，《国民经济和社会发展第十二个五年(2011—2015 年)规划纲要》第九章第一节中将“建筑业要推广绿色建筑、绿色施工”上升为国家战略。

2012 年 4 月底，财政部会同住房城乡建设部发布了《关于加快推动中国绿色建筑发展的实施意见》，旨在“加快发展绿色建筑，促进城乡建设模式转型升级”。

2013 年 1 月初，国家发展改革委会同住房城乡建设部提交的《绿色建筑行动方案》得到国务院同意并转发，提出“以绿色、循环、低碳理念指导城乡建设，严格执行建筑节能强制性标准……推动城乡建设走上绿色、循环、低碳的科学发展轨道”。

2014 年 4 月，住房城乡建设部批准了准备于 2015 年起实施的新版《绿色建筑评价标准》，12 月初，批准了《建筑节能气象参数标准》，这标志着建筑节能与绿色建筑的基础技术工作获得显著进展。

2015 年 4 月，住房城乡建设部批准了《绿色商店建筑评价标准》，这标志着绿色建筑工作的细分化在进一步展开。9 月，《绿色建筑评价技术细则》(2015 版)出版，为绿色建筑评价工作提供了极大方便。能源世界网(www. chinagb. net)在该年发布了按 2008 年以来公告的项目做出的《中国绿色建筑评价标识统计报告》。

从这一系列的历史事件来看，我国绿色建筑工作清晰地沿着“四节一环保”这一条政策线不断发展。通过以绿色建筑评价标识为重要抓手，以及采用推荐、引导、强制、奖励等政策，绿色建筑的普及覆盖率逐年提升。

1.3　绿色建筑的工程实例

1.3.1　杭州绿色建筑科技馆

2009 年 11 月 1 日，杭州绿色建筑科技馆（图 1.1）正式投入使用。科技馆将可持续发展理念贯彻在设计、施工、运营的全过程中，使科技馆的每平方米能耗只有普通建筑的四分之一，节能率达到了 76.4%。科技馆采用了建筑物自遮阳系统、被动式通风系统、环保外围护系统、智能化外遮阳及通风百叶系统、索乐图日光照明系统、温湿度独立控制空调系统、可再生能源（太阳能、风能、氢能）发电系统、能源再生电梯系统、雨水收集及中水回用系统、智能控制与分项计量系统等先进的建筑节能系统，有效减少建筑能耗，减少对自然环境的负面影响，营造出恒温、恒湿、恒氧、健康、舒适的环境，促进人与建筑、自然的和谐共生与发展。

图 1.1　杭州绿色建筑科技馆

凭借先进的设计和杰出的运行效果，杭州绿色建筑科技馆被住房城乡建设部列入建筑节能和可再生能源利用示范项目。

1.3.2 深圳市建科大楼

深圳市建科大楼(图 1.2)位于深圳市福田区北部梅林片区,占地面积 3000 m^2,建筑面积 18168.76 m^2,建筑高度 57.9 m(地上 12 层,地下 2 层)。该项目获得了第一批民用建筑能效测评标识三星级项目、国家级可再生能源建筑第一批应用示范工程、住房城乡建设部绿色建筑与低能耗建筑“双百示范”工程、绿色建筑评价标识三星级项目、绿色建筑创新奖一等奖、LEED-NC 注册项目。

图 1.2 深圳市建科大楼

该项目外墙实体墙面部分采用的铝合金装饰为非抛光的漫反射材料,不会对周边建筑造成光污染。建筑物外立面玻璃采用低反射率的 Low-E 中空玻璃,且均设置外遮阳措施,白天不会对周边环境产生光反射。

该项目植物设计包括一层绿化空间、六层空中花园、屋顶花园以及各层建筑花池四部分。作为公共建筑,其绿地面积为 1835.4 m^2,绿地率达到了 19.7%。植物配置选用适合当地生长、易于养护的乡土树种。屋顶可绿化面积为 800 m^2,实际绿化面积为 500 m^2,垂直绿化由各层建筑花池及墙面爬藤植物组成。

在照明用电及控制方面:地下车库采用采光天井和光导筒的方式,有效节约照明用电;楼梯间采用远红外线感应开关控制的自熄式吸顶灯;大厅、走道主要以节能筒灯为主;办公区域光源选用 T5 灯管,替代了传统的 T8 灯管。办公区域照明采用人工照明结合室外自然光分区照明控制,随着室外光线强弱变化,开闭室内的一组或数组灯具;部分会议室采用

LED 照明进行技术示范。

雨水收集系统与屋面种植相结合，不设常规雨水利用的弃流装置，而是利用屋面建筑花池过滤雨水，提高雨水回收率。水箱分散放置在顶楼，雨水可自流收集。屋面溢流的雨水以及未经花池处理的雨水都直接排放到环楼车道上，再经地下的碎石、石屑和软式透水管过滤后汇至蓄水池。对使用不完的雨水，暂存在碎石层中并缓慢向地下回渗，涵养地下水。收集的雨水主要用于室外道路冲洗、景观水体，以及绿化浇灌等。

通过采用“吕”字形建筑平面布局、高效的围护结构、合理的空调系统等优化设计措施，保证了各房间内合理的温度、湿度和自然通风效果。在噪声控制方面，通过局部区域减少开窗面积、采用双层窗、建筑构件隔声、设备防噪及其他降低噪声的措施，有效控制办公空间内的噪声污染。同时，根据不同立面风压分布选择不同的开窗方式，保证足够的可开启面积。外窗采取平开、上悬、中悬等开启方式，有效降低空气渗透量，可开启面积率为31.3%。

思考题

(1) 试简述绿色建筑的定义。

(2) 国内外绿色建筑的发展路径各有何特征？

(3) 绿色建筑与传统建筑的区别是什么？

2 绿色建筑评价

2.1 美国 LEED 体系

2.1.1 发展背景

1993 年，美国成立了代表整个建筑行业的全国性、非营利性、以建设环保建筑为主题的机构——美国绿色建筑委员会（简称 USGBC），USGBC 成立的第二年创立了 LEED 体系，并于 1999 年发布了 LEED 第一版。随着建筑行业的不断变化，LEED 体系不断革新，从 2000 年到 2009 年，LEED V1 升级到 LEED V3。自 2011 年以来，USGBC 为新版本 LEED V4 的发布进行了深入探讨与研究，直到 2013 年 11 月正式通过实施，并于 2015 年 6 月强制实施。自公布以来，LEED V4 被美国 48 个州和 7 个国家所选用，并且被一些州和国家列为法定的强制性地方标准进行实施。

2.1.2 评价系统

根据建筑物的性质、具备的功能不同，确定多元的认证体系，详见表 2.1。

表 2.1 不同建筑类型的认证版本

版本	LEED BD+C 建筑设计与施工	LEED ID+C 室内设计与施工	LEED O+M 运营与维护	LEED ND 社区开发	LEED Homes
范围	新建建筑 核心与外壳 学校 零售店 数据中心 仓库和配送中心 酒店 医疗保健	商业室内设计 零售店 酒店	既有建筑 学校 零售店 数据中心 酒店 仓库和配送中心	社区开发计划 社区开发建造项目	住宅 中高层

2.1.3 评价内容

在 LEED V3 中，以“可持续”为基本出发点，从建筑物的选址到所利用的各种资源，以及建筑物对环境产生的影响进行考察。在 LEED V4 中，单独考虑了项目的交通可达性问题类目，使得对建筑物的评价类目更加丰富。事实上，交通并不完全是提出的全新指标，其评价指标是从上一个版本中的“可持续厂址”分离出的。此次把“选址与交通”指标单独提出，不仅强调了位置和交通，也使得评价的内容更加清晰、更加合乎逻辑。

2.1.4 评价方法

LEED 采取打分卡模型，首先根据参评建筑所用的评估系统，根据指标来确定参评建筑物达到各子分值的程度下获得的分值，然后将各指标得分进行累计，所得到的总分，即 $P=p_1+p_2+p_3+p_4+p_5+p_6+p_7+p_8$（注：$i=1$、2、3、4、5、6、7、8，分别代表整合设计、选址与交通、可持续场地、用水效率、能源与大气、材料与资源、室内环境质量及创新与区域优先指标），参照评分等级确定认证级别。LEED V4 共有四个认证等级，分别为：认证级别为 40 至 49 分，白银级别为 50 至 59 分，黄金级别为 60 至 80 分，80 分以上为铂金级别（以新建建筑为例，各指标合计满分为 110 分，详见表 2.2）。

表 2.2 新建建筑各指标分值

新建建筑	整合设计	选址与交通	可持续场地	用水效率	能源与大气	材料与资源	室内环境质量	创新与区域优先（加分项）	合计
分值	1	16	10	11	33	13	16	10	110

2.2 英国 BREEAM 体系

2.2.1 发展背景

19 世纪出现的英国第一次工业革命，使得人类社会前进了一大步，但也使得人类付出了昂贵的代价——对自然环境产生了巨大的负面影响。在英国，建筑业能耗占全社会能源消耗总量的 50%，消耗原材料约 40%。在此背景下，英国考虑到国家的经济发展不能以牺牲自然环境为前提，而是要与环境和谐共生，并非止步于此，英国政府着手探讨建筑业所面临的现状及其未来的发展趋势。1990 年，英国建筑研究院在不断地思考与探索下，制定了世界上首个绿色建筑评价体系——建筑研究院环境评级法（Building Research Establishment Environmental Assessment Method，简称“BREEAM”），如图 2.1 所示。最初，BREEAM 针对的是办公建筑的环境表现，通过不断地革新，该评价体系随着业务多元化开发了不同的版本，涉及范围越来越广泛，并且紧随工程技术的创新不断升级，从而相比于其他国家的评价体系，其在全球范围内一直处于领先水平。

2.2.2　评价系统（图 2.1）

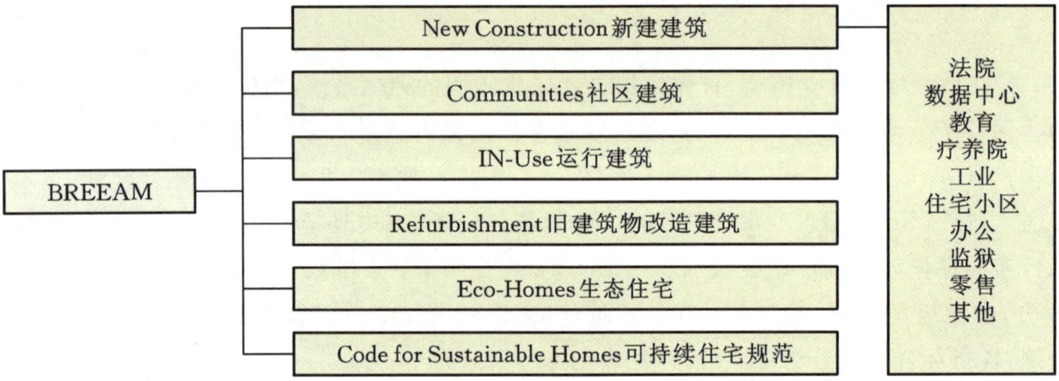

图 2.1　评价系统

2.2.3　评价内容

BREEAM 系统的核心目标是在保证建筑物安全性、舒适性的基础上，降低能耗与碳排放量，以达到保护建设环境的目的。所以，对建筑进行评价时主要关注建筑带给使用者的健康和舒适程度、建筑的自身能耗表现、替代交通的选择、对自然资源的合理利用以及建筑对环境造成的影响这几方面；同时，BREEAM 在管理这些措施时，依靠政府颁布的政策及规章从运输、能源、水资源、材料资源、地区生态、污染这几个方面进行调控。

2.2.4　评价方法

BREEAM 体系采用全生命周期评价方法，考察参评建筑物符合每项性能所代表的指标的程度，并给予相应的分值，其中每项指标的满分值及所占总评分的权重不同。将所得分值与该指标的所占分值进行比对，所得比率乘以各指标对应的权重系数，最终将各指标所得分值进行累加，根据得分确定其所评定的等级。评分等级见表 2.3，某办公建筑评价方法实例如表 2.4 所示。

表 2.3　BREEAM 评分等级

等级	通过	好	很好	优秀	杰出
得分(%)	≥30	≥45	≥55	≥70	≥85

表 2.4　以 2008 年某办公建筑为例

评价指标	得分	该项最高得分	百分比(%)	权重	该项最终得分(%)
管理	7	10	70	0.12	8.40
健康舒适	11	14	79	0.15	11.85
能源	10	21	48	0.19	9.12
交通	5	10	50	0.08	4.00
水资源	4	6	67	0.06	4.02
材料	6	12	50	0.25	12.5
废弃物	3	7	43	0.075	3.225
土地使用和生态	4	10	40	0.10	4.00
污染	5	12	42	0.10	4.2
创新	1	10	10	0.10	1.00
得　分					62.315
等　级					很好

2.3　德国 DGNB 体系

2.3.1　发展背景

在 20 世纪 90 年代初，英国经过充分考虑和研究，制定了全世界首部绿色建筑评价标准——BREEAM，然后美国推出了 LEED 绿色评价体系，这两个系统代表了第一代绿色建筑评价体系。在第一代绿色建筑评价体系广泛应用下，绿色建筑得到了快速发展。德国作为第一个在欧洲发展生态节能和被动设计的国家，并没有紧随英国和美国推出绿色建筑评价体系。2006 年，德国政府组织专家研究制定了适合本国发展策略的绿色建筑评价体系，在分析过程中，对第一代绿色建筑评价体系在保护环境、降低周期成本，以及保护健康、社会、文化几个方面进行了完善，从而建立了第二代绿色建筑评价体系——DGNB。

2.3.2 评价内容

在建立 DGNB 评估系统时，围绕建筑全生命周期，以生态质量、过程质量、社会文化及功能质量、基地质量、技术质量和经济质量六个方面为重点进行评估，为达到总体目标（即建筑的可持续性）而进行评价。与第一代绿色建筑评价体系的差别是，它不对每个具体的实施细节都做出规定和要求。DGNB 核心评估要素彼此之间相互关联、相互影响，其相互之间达到一个合理的平衡。DGNB 系统根据建筑物的不同类型和用途对评价标准的条目、内容以及相对应的评分权重进行精确的调整，在核心质量目标得到保证的前提下，它可以灵活地根据不同国家和地域的气候、法律法规、文化以及建设技术等实际情况进行适当的调整，这使得该系统在全世界范围被广泛使用并且同时保证其高水准的认证质量。

2.3.3 评价方法

在建筑物或社区项目评价总分中，DGNB 提出可持续发展的六个核心要素，围绕生态、经济、社会、技术、过程展开为生态质量、过程质量、社会文化及功能质量、基地质量、技术质量和经济质量。

其中生态、经济、社会文化及功能以及技术质量在体系当中重要性相同，所以规定每项占总分的权重均为 22.5%，其余部分也占有一定权重，只不过相对于前四项较少，其中过程质量占 10%的权重，基地质量作为评价整体指标的组成部分，在不影响其他五项的评定基础上，对其进行测评。在认证评估中，利用综合评价模型，在科学计算机软件和庞大的数据库支持下，根据参评建筑所满足的各指标下的细节措施，对其获得的分数进行计算。最终得分系数按照达标程度划分，80%以上的为金级认证，超过 60%的为银级认证，超过 50%的为铜级认证。DGNB 各指标子项如图 2.2 所示。

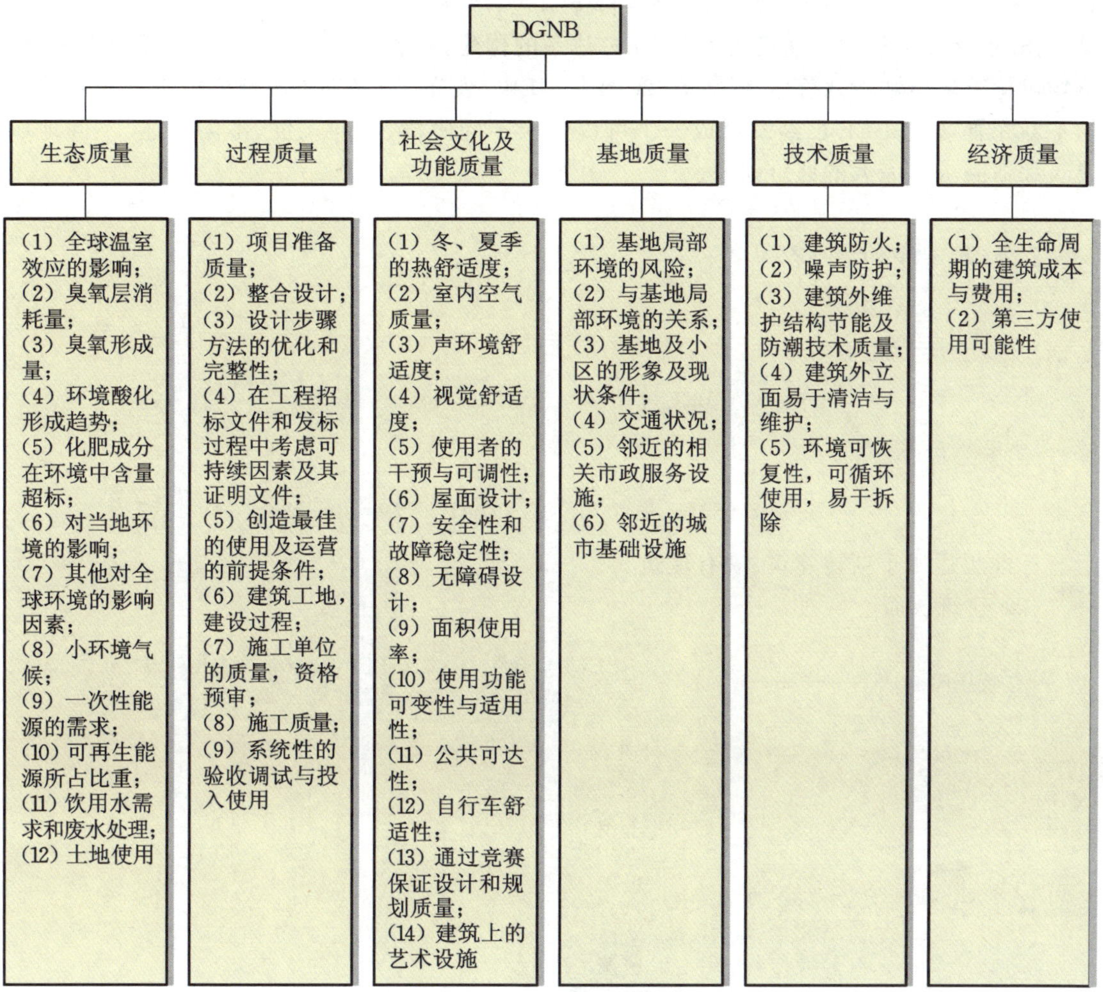

图 2.2 DGNB 各指标子项

2.4 日本 CASBEE 体系

2.4.1 发展背景

2001 年 4 月，在日本国体局和住房局的授权下，由日本绿色建筑委员会、日本可持续建筑联合会(Japan Sustainable Building Consortium，简称“JSBC”)这两个组织负责共同开发了适合本国的建筑环境效益综合评价体系(Comprehensive Assessment System for Building Environmental Efficiency，简称“CASBEE”)。该体系在实践中不断完善，逐步发展成涵盖全生命周期的多层次的评价体系。从 2002 年到 2007 年，从 CASBEE-办公建筑到 CASBEE-独栋建筑这一过程中，该评价体系包含新建建筑、既有建筑、改造建筑、街区建设。JSBC 又在发展中不断完善 CASBEE 体系的构建，在 2009 年，将该评价体系更名为“建筑物可持续环境性能评价体系”。在 2010 年，JSBC 发布了 CASBEE-城市版本。随着体系的不断完善，CASBEE 已经发展成一个可以适应不同阶段、不同尺度、不同用途、不同地域建筑评估需求的庞大的评价体系。

2.4.2 评价系统

(1) 住宅层面

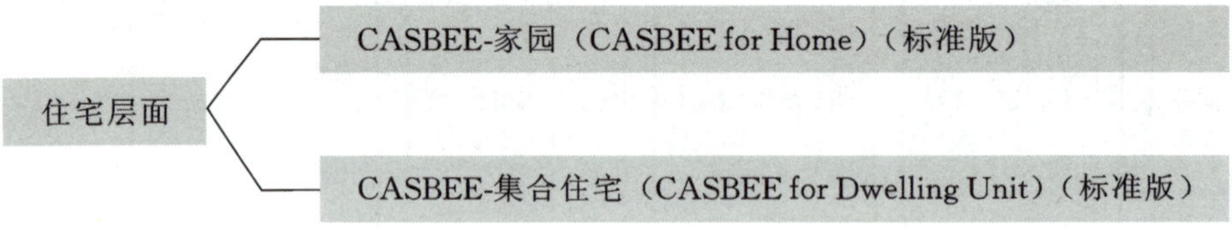

标准版适用于新建建筑、既有建筑。

(2) 建筑层面

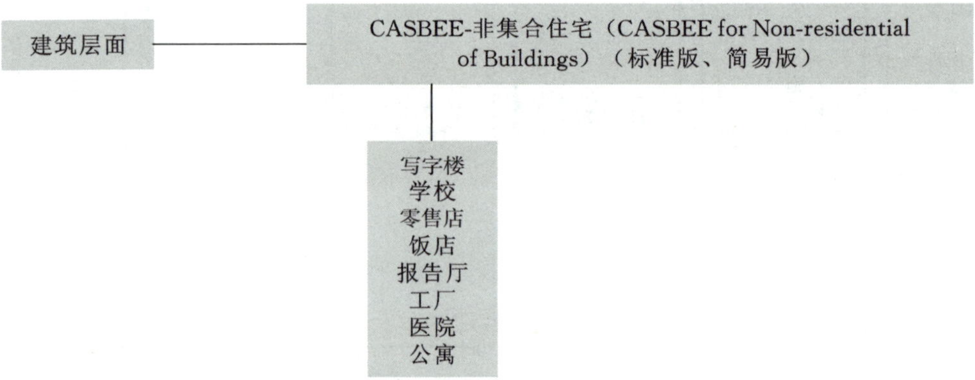

标准版适用于新建建筑、既有建筑、改造建筑、临时建筑、热岛效应缓解；
简易版适用于新建建筑、既有建筑、改造建筑。

(3) 城市街区层面

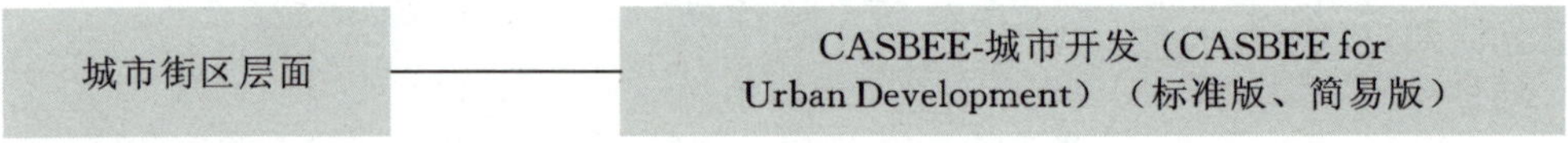

标准版、简易版均适用于城市开发、城市开发＋城市建筑。

(4) 城市层面

标准版适用于城市。

2.4.3 评价内容

CASBEE评价体系围绕建筑物全生命周期理念，考虑建筑物所获得的舒适性能以及对环境产生的负荷影响，同时针对参评建筑提出新型概念——建筑物环境效益（Building Environmental Efficiency，简称“BEE”）。将Q（Quality）作为建筑物的环境质量与性能，包括室内外环境及服务质量，将L（Load）作为建筑物对能源、资源和材料、建设用地外环境所引起的环境负荷，这样BEE＝Q/L，利用这一方法来表达建筑环境评价的所有结果。因此，根据上述第二方面，对参评建筑物从能源消耗、环境资源的再利用、当地的环境、室内环境四个方面进行评价，这些指标下又包含90多个子项目。为了便于评估，这些子项目划分到Q和L两大类中。

2.4.4 评价方法

在CASBEE评价体系中，设定一个以用地边界和建筑最高点为界所形成的假想三维封闭空间，也代表实际参评建筑物所处的场地及范围，利用BEE＝Q/L的计算结果进行评价。

从公式“BEE＝Q/L”中可以看出，BEE随着Q与L的变化而变化，当参评建筑的舒适性越高，同时对周边环境的负面因素越小，表示参评建筑所满足绿色建筑指标的程度越高。参评时，将Q、L所展开的指标进行比对，确定各自占有的权重，使用BEE来展示所具有的绿色性能程度，最终确定评价等级。CASBEE的评分标准与美国LEED不同，它采用5分制，分1、2、3、4、5级进行评分，以3分为基准分，最低水平为1分，最优水平为5分。

2.5 新加坡Green Mark体系

2.5.1 发展背景

新加坡人均占有资源水平在国际上处于下游位置，为此，采取发展绿色建筑措施是关键之举。2005年，新加坡建筑局（BCA）在新加坡国家发展部（MND）的授权下，发布了Green Mark评价体系。Green Mark体系强调，在建筑物的全生命周期中要将环境友好、可持续发展等理念作为核心理念，最初的评估对象包括新建建筑和既有建筑两个部分。随着建筑市场逐渐丰富，评价体系随着评估对象覆盖范围逐步完善，2013年发布了居住类新建建筑与非居住类新建建筑更新版本V4.1。到2016年为止，在新加坡政府的大力推进下，共有近1500个建筑项目获得了Green Mark体系认证，其总建筑面积达到新加坡整个建筑面积的30%。与BREEAM、LEED及CASBEE不同，Green Mark在新加坡是实质上的强制标准，而非自愿申请。经过近十年的发展，Green Mark 评价体系获得了各界广泛的认同，并被广泛地借鉴和引用。

2.5.2 评价内容

Green Mark 评价体系从设计、施工到运营阶段进行全过程控制，主要围绕节能和其他绿色环保两方面的内容。节能要求又分为节能部分和可再生能源利用部分，旨在提高建筑物的能量利用效率，采用良好的建筑设计方法，选择节能设备。对水资源的合理使用，以及强调环境保护、提升室内环境质量则属于其他绿色环保措施类。强调节水，建筑物用水效率的提高是节水的保障；强调环境保护，提升室内环境质量，旨在改善室内环境质量，包括空气质量、热舒适性、噪声控制和太阳光照射；减少环境建设和资源消耗的负面影响。其他环保措施旨在采用创新技术和手段对环境产生有利影响。

2.5.3 评价方法

Green Mark 的评价标准如表 2.5 所示，其提出必须符合控制项，如(新建建筑)规定能源效率这一指标上至少取得 30 分，用水效率、环境保护、室内环境质量则在至少取得 20 分的情况下才可进行评估，然后是得分项，在一级指标及二级指标下设定不同的分数，依据符合标准的程度得分，采用累计得分的方式。根据得分，分为四个等级，即白金级为最高级(90～155 分)，其次是超金级(85～89 分)、金级(75～84 分)，最后为认证级(50～74 分)。

表 2.5　Green Mark 评价标准(新建建筑)

一级指标	能源效率	环境保护	室内环境质量	用水效率	其他
二级指标	(1)建筑表皮的热性能-RETV 空调系统； (2)建筑表皮-设计/热工参数自然通风/机械通风； (3)自然照明； (4)人工照明； (5)车库通风； (6)公共区域的通风； (7)电梯和扶梯； (8)节能特征和实践； (9)可再生能源	(1)可持续施工； (2)可持续产品； (3)绿色植物； (4)环境管理实践； (5)绿色交通； (6)制冷剂； (7)雨水循环	(1)热舒适性； (2)噪声； (3)室内空气污染物； (4)室内空气质量管理； (5)高频镇流器	(1)节水设备； (2)用水监控； (3)灌溉系统和景观； (4)冷却塔用水量	

2.6 韩国 GBCC 体系

2.6.1 发展背景

2001 年，韩国第一个绿色建筑认证体系由韩国国土、基础设施与交通部(MLIT)和环境部建立，经过一年的时间调整，于 2002 年正式发布《住宅建筑的绿色评估准则》，随着《绿色环境评价标准》《绿色建筑评价标准》的颁布，认证体系也丰富起来。2011 年，韩国国土海洋部与环境部联合发布了最新的《绿色建筑评价标准》(Green Building Certification Criteria in Korea 2011，简称“GBCC 2011”)，该标准是韩国政府通过对以往的评价标准进行研究与更新后推出的，评估对象覆盖范围全面。近年来，韩国建筑市场致力于推动绿色建筑的发展，评价体系也随之不断更新，国土交通部在 2014 年 12 月颁布了进一步完善后的《绿色建筑认证标准》，并正式命名为 G-SEED(Green Standard for Energy and Environmental Design)。

2.6.2 评价内容

与其他国家类似，该体系评价内容均围绕“建筑用地的选取、能源的选择与使用、材料的使用与再利用、营造良好的室内质量环境、环境受到的影响”这几个方面进行设定，并且提出了有机管理这一理念，并将这些方面分散到表 2.6 所列的七类指标当中。

2.6.3 评价方法

由于不同建筑类型的各大指标所含分值不同，所以，首先确定参评建筑所属的建筑类型，选择相应的评分标准(表 2.6)，然后参照每个指标下设置的子项，根据其满足程度获得分值，将子项分值相加得到指标分值，用该分值乘以该指标总分值的倒数，得到相应比率，将该比率乘以表 2.6 所示的各指标加权值，最后累加得到总的分值，根据获得的分值确定绿色建筑级别。需要关注的是，该评价标准同样设定了一般项与控制项，对于控制项做出最低限值规定，要求参评建筑必须满足控制项中指标要求的最小值，才可以进行下一步的参评。

表 2.6 七类指标评分项的权重

建筑类型	土地利用、交通	能源	水资源	材料资源	室内环境	维护管理	生态环境、防治环境污染
共同住宅	15	20	10	15	20	5	15
复合(住宅)建筑	10	20	10	18	20	7	15
办公建筑、住宿设施	10	25	10	15	18	7	15
学校、销售设施	10	20	10	15	18	7	20

2.7 中国绿色建筑评价体系

2.7.1 发展背景

2001 年 9 月发布的《中国生态住宅技术评估手册》正式开启了我国绿色建筑之路。2003 年 8 月，在清华大学带领下，科研单位研究发布了《绿色奥运建筑评价体系》。2006 年 6 月，经过 5 年的绿色建筑应用推广以及对其他成熟的评价体系的分析与研究，结合具体国情，我国颁布了首部相对成熟、完整的《绿色建筑评价标准》。从 2006 年到 2014 年，我国相继制定了促进绿色建筑推广的实施细则，进一步完善绿色建筑评价体系。2014 年 8 月，在绿色建筑市场愈来愈趋于稳定的情况下，我国颁布了更适应接下来绿色建筑发展的新版《绿色建筑评价标准》，并开始施行。

【扫码演示】

2019 年，《绿色建筑评价标准》(GB/T 50378—2019)开始实施，新国标对评价方式和阶段、评价体系、星级划分、评分体系及打分方式、强制性技术要求和部分条文进行了修订。

2.7.2 评价内容

绿色建筑评价指标体系由安全耐久、健康舒适、生活便利、资源节约、环境宜居五类指标组成，且每类指标均包括控制项和评分项；该评价指标体系还统一设置加分项。绿色建筑评价指标体系的控制项、评分项及加分项数量见表 2.7。

表 2.7 绿色建筑评价指标体系的控制项、评分项及加分项数量

各项数量	评价指标体系内容					提高与创新	总计
	安全耐久	健康舒适	生活便利	资源节约	环境宜居		
控制项数量	8	9	6	10	7	—	40
评分项数量	9	11	13(9)	18	9	—	60(56)
加分项数量	—	—	—	—	—	10(9)	10(9)
合计	17	20	19(15)	28	16	10(9)	110(105)

注:(1) 括号内数字为预评价时的数量。

(2) 预评价时，“生活便利”中物业管理评分项内容和“提高与创新”中加分项第 8 条不得分。

2.7.2.1 安全耐久

安全耐久内容包括安全耐久控制项和安全耐久评分项。

(1) 安全耐久控制项

① 场地应避开滑坡、泥石流等地质危险地段，易发生洪涝的地区应有可靠的防洪涝基础设施；场地应无危险化学品、易燃易爆危险源的威胁，应无电磁辐射、含氡土壤的危害。

② 建筑结构应满足承载力和建筑使用功能要求。建筑外墙、屋面、门窗、幕墙及外保温等围护结构应满足安全、耐久和防护的要求。

③ 外遮阳构件、太阳能设施、空调室外机位、外墙花池等外部设施应与建筑主体结构统一设计、施工，并应具备安装、检修与维护条件。

④ 建筑内部的非结构构件、设备及附属设施等应连接牢固，并能适应主体结构变形。

⑤ 建筑外门窗必须安装牢固，其抗风压性能和水密性能应符合国家现行有关标准的规定。

⑥ 卫生间、浴室的地面应设置防水层，墙面、顶棚应设置防潮层。

⑦ 走廊、疏散通道等通行空间应满足紧急疏散、应急救护等要求，且应保持畅通。

⑧ 应具有安全防护的警示和引导标识系统。

(2) 安全耐久评分项

安全耐久评分项如表 2.8 所示。

表 2.8 安全耐久评分项

安全耐久评分项	
Ⅰ安全	(1)采用基于性能的抗震设计并合理提高建筑的抗震性能，评价分值为 10 分。 (2)采取保障人员安全的防护措施，评价总分值为 15 分，按下列规则分别评分并累计： ①采取措施提高阳台、外窗、窗台、防护栏杆等安全防护水平，得 5 分； ②建筑物出入口均设外墙饰面、门窗玻璃意外脱落的防护措施，并与人员通行区域的遮阳、遮风或挡雨措施结合，得 5 分； ③利用场地或景观形成可降低坠物风险的缓冲区、隔离带，得 5 分。 (3)采用具有安全防护功能的产品或配件，评价总分值为 10 分，按下列规则分别评分并累计： ①采用具有安全防护功能的玻璃，得 5 分； ②采用具备防夹功能的门窗，得 5 分。 (4)室内外地面或路面设置防滑措施，评价总分值为 10 分，按下列规则分别评分并累计： ①建筑出入口及平台、公共走廊、电梯门厅、厨房、浴室、卫生间等设置防滑措施，防滑等级不低于现行行业标准《建筑地面工程防滑技术规程》(JGJ/T 331)规定的 B_d、B_w 级，得 3 分； ②建筑室内外活动场所采用防滑地面，防滑等级达到现行行业标准《建筑地面工程防滑技术规程》(JGJ/T 331)规定的 A_d、A_w 级，得 4 分； ③建筑坡道、楼梯踏步防滑等级达到现行行业标准《建筑地面工程防滑技术规程》(JGJ/T 331)规定的 A_d、A_w 级或按水平地面等级提高一级，并采用防滑条等防滑构造技术措施，得 3 分。 (5)采取人车分流措施，且步行和自行车交通系统有充足照明，评价分值为 8 分

续表 2.8

安全耐久评分项	
Ⅱ耐久	(1)采取提升建筑适变性的措施,评价总分值为 18 分,按下列规则分别评分并累计: ①采取通用开放、灵活可变的使用空间设计,或采取建筑使用功能可变措施,得 7 分; ②建筑结构与建筑设备管线分离,得 7 分; ③采用与建筑功能和空间变化相适应的设备设施布置方式或控制方式,得 4 分。 (2)采取提升建筑部品部件耐久性的措施,评价总分值为 10 分,按下列规则分别评分并累计: ①使用耐腐蚀、抗老化、耐久性能好的管材、管线、管件,得 5 分; ②活动配件选用长寿命产品,并考虑部品组合的同寿命性,不同使用寿命的部品组合时,采用便于分别拆换、更新和升级的构造,得 5 分。 (3)提高建筑结构材料的耐久性,评价总分值为 10 分,并按下列规则评分: ①按 100 年进行耐久性设计,得 5 分; ②采用耐久性能好的建筑结构材料,满足下列条件之一者,得 5 分: a. 对于混凝土构件,提高钢筋保护层厚度或采用高耐久性混凝土; b. 对于钢构件,采用耐候结构钢及耐候型防腐涂料; c. 对于木构件,采用防腐木材、耐久木材或耐久木制品。 (4)合理采用耐久性好、易维护的装饰装修建筑材料,评价总分值为 9 分,按下列规则分别评分并累计: ①采用耐久性好的外饰面材料,得 3 分; ②采用耐久性好的防水和密封材料,得 3 分; ③采用耐久性好、易维护的室内装饰装修材料,得 3 分

2.7.2.2 健康舒适

健康舒适内容包括健康舒适控制项和健康舒适评分项。

(1) 健康舒适控制项

① 室内空气中的氨、甲醛、苯、总挥发性有机物、氡等污染物浓度应符合现行国家标准《室内空气质量标准》(GB/T 18883)的有关规定。建筑室内和建筑主出入口处应禁止吸烟,并应在醒目位置设置禁烟标志。

② 应采取措施避免厨房、餐厅、打印复印室、卫生间、地下车库等区域的空气污染物流通到其他空间;应防止厨房、卫生间的排气倒灌。

③ 给水排水系统的设置应符合下列规定:

a. 生活饮用水水质应满足现行国家标准《生活饮用水卫生标准》(GB 5749)的要求;

b. 应制订水池、水箱等储水设施定期清洗消毒计划并实施,且生活饮用水储水设施每半年清洗消毒不应少于 1 次;

c. 应使用构造内自带水封的便器，且其水封深度不应小于 50 mm；

d. 非传统水源管道和设备应设置明确、清晰的永久性标识。

④ 主要功能房间的室内噪声级和隔声性能应符合下列规定：

a. 室内噪声级应满足现行国家标准《民用建筑隔声设计规范》(GB 50118)中的低限要求；

b. 外墙、隔墙、楼板和门窗的隔声性能应满足现行国家标准《民用建筑隔声设计规范》(GB 50118)中的低限要求。

⑤ 建筑照明应符合下列规定：

a. 照明数量和质量应符合现行国家标准《建筑照明设计标准》(GB 50034)的规定；

b. 人员长期停留的场所应采用符合现行国家标准《灯和灯系统的光生物安全性》(GB/T 20145)规定的无危险类照明产品；

c. 选用 LED 照明产品的光输出波形的波动深度应满足现行国家标准《LED 室内照明应用技术要求》(GB/T 31831)的规定。

⑥ 应采取措施保障室内热环境。采用集中供暖空调系统的建筑，房间内的温度、湿度、新风量等设计参数应符合现行国家标准《民用建筑供暖通风与空气调节设计规范》(GB 50736)的有关规定；采用非集中供暖空调系统的建筑，应具有保障室内热环境的措施或预留条件。

⑦ 围护结构热工性能应符合下列规定：

a. 在室内设计温度、湿度条件下，建筑非透光围护结构内表面不得结露；

b. 供暖建筑的屋面、外墙内部不应产生冷凝；

c. 屋顶和外墙隔热性能应满足现行国家标准《民用建筑热工设计规范》(GB 50176)的要求。

⑧ 主要功能房间应具有现场独立控制的热环境调节装置。

⑨ 地下车库应设置与排风设备联动的一氧化碳浓度监测装置。

(2) 健康舒适评分项

健康舒适评分项如表 2.9 所示。

表 2.9　健康舒适评分项

健康舒适评分项	
Ⅰ室内空气品质	(1)控制室内主要空气污染物的浓度，评价总分值为 12 分，按下列规则分别评分并累计： ①氨、甲醛、苯、总挥发性有机物、氡等污染物浓度比现行国家标准《室内空气质量标准》(GB/T 18883)规定限值低 10%，得 3 分；低 20%，得 6 分。 ②室内 $PM_{2.5}$ 年均浓度不高于 25 $\mu g/m^3$，且室内 PM_{10} 年均浓度不高于 50 $\mu g/m^3$，得 6 分。 (2)选用的装饰装修材料满足国家现行绿色产品评价标准中对有害物质限量的要求，评价总分值为 8 分。选用满足要求的装饰装修材料达到 3 类及以上，得 5 分；达到 5 类及以上，得 8 分

续表 2.9

健康舒适评分项	
Ⅱ水质	(1)直饮水、集中生活热水、游泳池水、采暖空调系统用水、景观水体等的水质满足国家现行有关标准的要求,评价分值为 8 分。 (2)生活饮用水水池、水箱等储水设施采取措施满足卫生要求,评价总分值为 9 分,按下列规则分别评分并累计: ①使用符合国家现行有关标准要求的成品水箱,得 4 分; ②采取保证储水不变质的措施,得 5 分。 (3)所有给水排水管道、设备、设施设置明确、清晰的永久性标识,评价分值为 8 分
Ⅲ声环境与光环境	(1)采取措施优化主要功能房间的室内声环境,评价总分值为 8 分。噪声级达到现行国家标准《民用建筑隔声设计规范》(GB 50118)中的低限标准限值和高要求标准限值的平均值,得 4 分;达到高要求标准限值,得 8 分。 (2)主要功能房间的隔声性能良好,评价总分值为 10 分,按下列规则分别评分并累计: ①构件及相邻房间之间的空气声隔声性能达到现行国家标准《民用建筑隔声设计规范》(GB 50118)中的低限标准限值和高要求标准限值的平均值,得 3 分;达到高要求标准限值,得 5 分。 ②楼板的撞击声隔声性能达到现行国家标准《民用建筑隔声设计规范》(GB 50118)中的低限标准限值和高要求标准限值的平均值,得 3 分;达到高要求标准限值,得 5 分。 (3)充分利用天然光,评价总分值为 12 分,按下列规则分别评分并累计: ①住宅建筑室内主要功能空间至少 60%面积比例区域,其采光照度值不低于 300 lx 的小时数平均不少于 8 h/d,得 9 分。 ②公共建筑按下列规则分别评分并累计: a. 室内采光系数满足采光要求的面积比例达到 60%,得 3 分; b. 地下空间平均采光系数不小于 0.5%的面积与地下室首层面积的比例达到 10%以上,得 3 分; c. 室内主要功能空间至少 60%面积比例区域的采光照度值不低于采光要求的小时数平均不少于 4 h/d,得 3 分。 ③主要功能房间有眩光控制措施,得 3 分
Ⅳ室内热湿环境	(1)具有良好的室内热湿环境,评价总分值为 8 分,并按下列规则评分: ①采用自然通风或复合通风的建筑,建筑主要功能房间室内热环境参数在适应性热舒适区域的时间比例,达到 30%,得 2 分;每增加 10%,再得 1 分,最高得 8 分。 ②采用人工冷热源的建筑,主要功能房间达到现行国家标准《民用建筑室内热湿环境评价标准》(GB/T 50785)规定的室内人工冷热源热湿环境整体评价Ⅱ级的面积比例,达到 60%,得 5 分;每增加 10%,再得 1 分,最高得 8 分。 (2)优化建筑空间和平面布局,改善自然通风效果,评价总分值为 8 分,并按下列规则评分: ①住宅建筑:通风开口面积与房间地板面积的比例在夏热冬暖地区达到 12%,在夏热冬冷地区达到 8%,在其他地区达到 5%,得 5 分;每增加 2%,再得 1 分,最高得 8 分。 ②公共建筑:过渡季典型工况下主要功能房间平均自然通风换气次数不小于 2 次/h 的面积比例达到 70%,得 5 分;每增加 10%,再得 1 分,最高得 8 分。 (3)设置可调节遮阳设施,改善室内热舒适度,评价总分值为 9 分,根据可调节遮阳设施的面积占外窗透明部分的比例按表 2.10 的规则评分

表 2.10 可调节遮阳设施的面积占外窗透明部分比例评分规则

可调节遮阳设施的面积占外窗透明部分的比例 S_z	得分
$25\% \leqslant S_z < 35\%$	3
$35\% \leqslant S_z < 45\%$	5
$45\% \leqslant S_z < 55\%$	7
$S_z \geqslant 55\%$	9

2.7.2.3 生活便利

生活便利内容包括生活便利控制项和生活便利评分项。

(1) 生活便利控制项

① 建筑、室外场地、公共绿地、城市道路相互之间应设置连贯的无障碍步行系统。

② 场地人行出入口 500 m 内应设有公共交通站点或配备联系公共交通站点的专用接驳车。

③ 停车场应具有电动汽车充电设施或具备充电设施的安装条件，并应合理设置电动汽车和无障碍汽车停车位。

④ 自行车停车场所应位置合理、方便出入。

⑤ 建筑设备管理系统应具有自动监控管理功能。

⑥ 建筑应设置信息网络系统。

(2) 生活便利评分项

生活便利评分项如表 2.11 所示。

表 2.11 生活便利评分项

生活便利评分项	
Ⅰ出行与无障碍	(1)场地与公共交通站点联系便捷，评价总分值为 8 分，按下列规则分别评分并累计： ①场地出入口到达公共交通站点的步行距离不超过 500 m，或到达轨道交通站的步行距离不大于 800 m，得 2 分；场地出入口到达公共交通站点的步行距离不超过 300 m，或到达轨道交通站的步行距离不大于 500 m，得 4 分。 ②场地出入口步行距离 800 m 范围内设有不少于 2 条线路的公共交通站点，得 4 分。 (2)建筑室内外公共区域满足全龄化设计要求，评价总分值为 8 分，按下列规则分别评分并累计： ①建筑室内公共区域、室外公共活动场地及道路均满足无障碍设计要求，得 3 分； ②建筑室内公共区域的墙、柱等处的阳角均为圆角，并设有安全抓杆或扶手，得 3 分； ③设有可容纳担架的无障碍电梯，得 2 分

续表 2.11

生活便利评分项	
Ⅱ服务设施	(1)提供便利的公共服务，评价总分值为 10 分，并按下列规则评分： ①住宅建筑，满足下列要求中的 4 项，得 5 分；满足 6 项及以上，得 10 分。 a. 场地出入口到达幼儿园的步行距离不大于 300 m； b. 场地出入口到达小学的步行距离不大于 500 m； c. 场地出入口到达中学的步行距离不大于 1000 m； d. 场地出入口到达医院的步行距离不大于 1000 m； e. 场地出入口到达群众文化活动设施的步行距离不大于 800 m； f. 场地出入口到达老年人日间照料设施的步行距离不大于 500 m； g. 场地周边 500 m 范围内有不少于 3 种商业服务设施。 ②公共建筑，满足下列要求中的 3 项，得 5 分；满足 5 项，得 10 分。 a. 建筑内至少兼容两种面向社会的公共服务功能； b. 建筑向社会公众提供开放的公共活动空间； c. 电动汽车充电桩的车位数占总车位数的比例不低于 10%； d. 周边 500 m 范围内设有社会公共停车场(库)； e. 场地不封闭或场地内步行公共通道向社会开放。 (2)城市绿地、广场及公共运动场地等开敞空间，步行可达，评价总分值为 5 分，按下列规则分别评分并累计： ①场地出入口到达城市公园绿地、居住区公园、广场的步行距离不大于 300 m，得 3 分； ②到达中型多功能运动场地的步行距离不大于 500 m，得 2 分。 (3)合理设置健身场地和空间，评价总分值为 10 分，按下列规则分别评分并累计： ①室外健身场地面积不少于总用地面积的 0.5%，得 3 分； ②设置宽度不少于 1.25 m 的专用健身慢行道，健身慢行道长度不少于用地红线周长的 1/4 且不少于 100 m，得 2 分； ③室内健身空间的面积不少于地上建筑面积的 0.3%且不少于 60 m^2，得 3 分； ④楼梯间具有天然采光和良好的视野，且距离主入口的距离不大于 15 m，得 2 分
Ⅲ智慧运行	(1)设置分类、分级用能自动远传计量系统，且设置能源管理系统实现对建筑能耗的监测、数据分析和管理，评价分值为 8 分。 (2)设置能检测 PM_{10}、$PM_{2.5}$、CO_2 浓度的空气质量监测系统，且具有存储至少一年的监测数据和实时显示等功能，评价分值为 5 分。 (3)设置用水量远传计量系统、水质在线监测系统，评价总分值为 7 分，按下列规则分别评分并累计： ①设置用水量远传计量系统，能分类、分级记录、统计分析各种用水情况，得 3 分； ②利用计量数据进行管网漏损自动检测、分析与整改，管道漏损率低于 5%，得 2 分； ③设置水质在线监测系统，监测生活饮用水、管道直饮水、游泳池水、非传统水源、空调冷却水的水质指标，记录并保存水质监测结果，且能随时供用户查询，得 2 分。 (4)具有智能化服务系统，评价总分值为 9 分，按下列规则分别评分并累计： ①具有家电控制、照明控制、安全报警、环境监测、建筑设备控制、工作生活服务等至少 3 种类型的服务功能，得 3 分； ②具有远程监控的功能，得 3 分； ③具有接入智慧城市(城区、社区)的功能，得 3 分

续表 2.11

生活便利评分项	
Ⅳ物业管理	(1)制定完善的节能、节水、节材、绿化的操作规程、应急预案，实施能源资源管理激励机制，且有效实施，评价总分值为 5 分，按下列规则分别评分并累计： ①相关设施具有完善的操作规程和应急预案，得 2 分； ②物业管理机构的工作考核体系中包含节能和节水绩效考核激励机制，得 3 分。 (2)建筑平均日用水量满足现行国家标准《民用建筑节水设计标准》(GB 50555)中节水用水定额的要求，评价总分值为 5 分，并按下列规则评分： ①平均日用水量大于节水用水定额的平均值、不大于上限值，得 2 分； ②平均日用水量大于节水用水定额下限值、不大于平均值，得 3 分； ③平均日用水量不大于节水用水定额下限值，得 5 分。 (3)定期对建筑运营效果进行评估，并根据结果进行运行优化，评价总分值为 12 分，按下列规则分别评分并累计： ①制订绿色建筑运营效果评估的技术方案和计划，得 3 分； ②定期检查、调适公共设施设备，具有检查、调试、运行、标定的记录，且记录完整，得 3 分； ③定期开展节能诊断评估，并根据评估结果制定优化方案并实施，得 4 分； ④定期对各类用水水质进行检测、公示，得 2 分。 (4)建立绿色教育宣传和实践机制，编制《绿色设施使用手册》，形成良好的绿色氛围，并定期开展使用者满意度调查，评价总分值为 8 分，按下列规则分别评分并累计： ①每年组织不少于两次的绿色建筑技术宣传、绿色生活引导、灾害应急演练等绿色教育宣传和实践活动，并有活动记录，得 2 分； ②具有绿色生活展示、体验或交流分享的平台，并向使用者提供《绿色设施使用手册》，得 3 分； ③每年开展 1 次针对建筑绿色性能的使用者满意度调查，且根据调查结果制定改进措施并实施、公示，得 3 分

2.7.2.4 资源节约

资源节约内容包括资源节约控制项和资源节约评分项。

(1) 资源节约控制项

① 应结合场地自然条件和建筑功能需求，对建筑的体形、平面布局、空间尺度、围护结构等进行节能设计，且应符合国家有关节能设计的要求。

② 应采取措施降低部分负荷、部分空间使用下的供暖、空调系统能耗，并应符合下列规定：

a. 应按房间的朝向细分供暖、制冷区域，并应对系统进行分区控制；

b. 空调冷源的部分负荷性能系数(IPLV)、电冷源综合制冷性能系数(SCOP)应符合现行国家标准《公共建筑节能设计标准》(GB 50189)的规定。

③ 应根据建筑空间功能设置分区温度，合理降低室内过渡区空间的温度设定标准。

④ 主要功能房间的照明功率密度值不应高于现行国家标准《建筑照明设计标准》(GB

50034)规定的现行值;公共区域的照明系统应采用分区、定时、感应等节能控制;采光区域的照明控制应独立于其他区域的照明控制。

⑤ 冷热源、输配系统和照明等各部分能耗应进行独立分项计量。

⑥ 垂直电梯应采取群控、变频调速或能量反馈等节能措施;自动扶梯应采用变频感应启动等节能控制措施。

⑦ 应制定水资源利用方案,统筹利用各种水资源,并应符合下列规定:

a. 应按使用用途、付费或管理单元,分别设置用水计量装置;

b. 用水点处水压大于0.2 MPa的配水支管应设置减压设施,并应满足给水配件最低工作压力的要求;

c. 用水器具和设备应满足节水产品的要求。

⑧ 不应采用建筑体形和布置严重不规则的建筑结构。

⑨ 建筑造型要素应简约,应无大量装饰性构件,并应符合下列规定:

a. 住宅建筑的装饰性构件造价占建筑总造价的比例不应大于2%;

b. 公共建筑的装饰性构件造价占建筑总造价的比例不应大于1%。

⑩ 选用的建筑材料应符合下列规定:

a. 500 km以内生产的建筑材料重量占建筑材料总重量的比例应大于60%;

b. 现浇混凝土应采用预拌混凝土,建筑砂浆应采用预拌砂浆。

(2) 资源节约评分项

资源节约评分项如表2.12所示。

表2.12　资源节约评分项

资源节约评分项	
Ⅰ节地与土地利用	(1)节约集约利用土地,评价总分值为20分,并按下列规则评分: ①对于住宅建筑,根据其所在居住街区人均住宅用地指标,按表2.13的规则评分; ②对于公共建筑,根据不同功能建筑的容积率(R),按表2.14的规则评分。 (2)合理开发利用地下空间,评价总分值为12分,根据地下空间开发利用指标,按表2.15的规则评分。 (3)采用机械式停车设施、地下停车库或地面停车楼等方式,评价总分值为8分,并按下列规则评分: ①住宅建筑地面停车位数量与住宅总套数的比率小于10%,得8分; ②公共建筑地面停车占地面积与其总建筑用地面积的比率小于8%,得8分
Ⅱ节能与能源利用	(1)优化建筑围护结构的热工性能,评价总分值为15分,并按下列规则评分: ①围护结构热工性能比国家现行相关建筑节能设计标准规定的提高幅度达到5%,得5分;达到10%,得10分;达到15%,得15分。 ②建筑供暖空调负荷降低5%,得5分;降低10%,得10分;降低15%,得15分。 (2)供暖空调系统的冷、热源机组能效均优于现行国家标准《公共建筑节能设计标准》(GB 50189)的规定以及现行有关国家标准能效限定值的要求,评价总分值为10分,按表2.16的规则评分。

续表 2.12

资源节约评分项	
Ⅱ节能与能源利用	(3)采取有效措施降低供暖空调系统的末端系统及输配系统的能耗，评价总分值为5分，按以下规则分别评分并累计： ①通风空调系统风机的单位风量耗功率比现行国家标准《公共建筑节能设计标准》(GB 50189)的规定低20%，得2分； ②集中供暖系统热水循环泵的耗电输热比、空调冷热水系统循环水泵的耗电输冷(热)比比现行国家标准《民用建筑供暖通风与空气调节设计规范》(GB 50736)规定值低20%，得3分。 (4)采用节能型电气设备及节能控制措施，评价总分值为10分，按下列规则分别评分并累计： ①主要功能房间的照明功率密度值达到现行国家标准《建筑照明设计标准》(GB 50034)规定的目标值，得5分； ②采光区域的人工照明随天然光照度变化自动调节，得2分； ③照明产品、三相配电变压器、水泵、风机等设备满足国家现行有关标准的节能评价值的要求，得3分。 (5)采取措施降低建筑能耗，评价总分值为10分。建筑能耗相比国家现行有关建筑节能标准降低10%，得5分；降低20%，得10分。 (6)结合当地气候和自然资源条件合理利用可再生能源，评价总分值为10分，按表2.17的规则评分
Ⅲ节水与水资源利用	(1)使用较高用水效率等级的卫生器具，评价总分值为15分，并按下列规则评分： ①全部卫生器具的用水效率等级达到2级，得8分； ②50%以上卫生器具的用水效率等级达到1级且其他达到2级，得12分； ③全部卫生器具的用水效率等级达到1级，得15分。 (2)绿化灌溉及空调冷却水系统采用节水设备或技术，评价总分值为12分，按下列规则分别评分并累计： ①绿化灌溉采用节水设备或技术，并按下列规则评分： a.采用节水灌溉系统，得4分； b.在采用节水灌溉系统的基础上，设置土壤湿度感应器、雨天自动关闭装置等节水控制措施，或种植无须永久灌溉的植物，得6分。 ②空调冷却水系统采用节水设备或技术，并按下列规则评分： a.循环冷却水系统采取设置水处理措施、加大集水盘、设置平衡管或平衡水箱等方式，避免冷却水泵停泵时冷却水溢出，得3分； b.采用无蒸发耗水量的冷却技术，得6分。 (3)结合雨水综合利用设施营造室外景观水体，室外景观水体利用雨水的补水量大于水体蒸发量的60%，且采用保障水体水质的生态水处理技术，评价总分值为8分，按下列规则分别评分并累计： ①对进入室外景观水体的雨水，利用生态设施削减径流污染，得4分； ②利用水生动、植物保障室外景观水体水质，得4分。 (4)使用非传统水源，评价总分值为15分，按下列规则分别评分并累计： ①绿化灌溉、车库及道路冲洗、洗车用水采用非传统水源的用水量占其总用水量的比例不低于40%，得3分；不低于60%，得5分。 ②冲厕采用非传统水源的用水量占其总用水量的比例不低于30%，得3分；不低于50%，得5分。 ③冷却水补水采用非传统水源的用水量占其总用水量的比例不低于20%，得3分；不低于40%，得5分

续表 2.12

资源节约评分项	
Ⅳ节材与绿色建材	(1)建筑内所有区域实施土建工程与装修工程一体化设计及施工,评价分值为 8 分。 (2)合理选用建筑结构材料与构件,评价总分值为 10 分,并按下列规则评分: ①混凝土结构,按下列规则分别评分并累计: a. 400 MPa 及以上强度等级钢筋应用比例达到 85%,得 5 分; b. 混凝土竖向承重结构采用强度等级不小于 C50 的混凝土用量占竖向承重结构中混凝土总量的比例达到 50%,得 5 分。 ②钢结构,按下列规则分别评分并累计: a. Q345 及以上高强钢材用量占钢材总量的比例达到 50%,得 3 分;达到 70%,得 4 分。 b. 螺栓连接等非现场焊接节点占现场全部连接、拼接节点的数量比例达到 50%,得 4 分。 c. 采用施工时免支撑的楼屋面板,得 2 分。 ③混合结构:对其混凝土结构部分、钢结构部分,分别按本条第①款、第②款进行评价,分值取各项得分的平均值。 (3)建筑装修选用工业化内装部品,评价总分值为 8 分。建筑装修选用工业化内装部品占同类部品用量比例达到 50%以上的部品种类,达到 1 种,得 3 分;达到 3 种,得 5 分;达到 3 种以上,得 8 分。 (4)选用可再循环材料、可再利用材料及利废建材,评价总分值为 12 分,按下列规则分别评分并累计: ①可再循环材料和可再利用材料用量比例,按下列规则评分: a. 住宅建筑达到 6%或公共建筑达到 10%,得 3 分; b. 住宅建筑达到 10%或公共建筑达到 15%,得 6 分。 ②利废建材选用及其用量比例,按下列规则评分: a. 采用一种利废建材,其占同类建材的用量比例不低于 50%,得 3 分; b. 选用两种及以上的利废建材,每一种占同类建材的用量比例均不低于 30%,得 6 分。 (5)选用绿色建材,评价总分值为 12 分。绿色建材应用比例不低于 30%,得 4 分;不低于 50%,得 8 分;不低于 70%,得 12 分

表 2.13 居住街区人均住宅用地指标评分规则

建筑气候区划	人均住宅用地指标 A/m^2					得分
	平均 3 层及以下	平均 4～6 层	平均 7～9 层	平均 10～18 层	平均 19 层及以上	
Ⅰ、Ⅶ	$33<A\leqslant36$	$29<A\leqslant32$	$21<A\leqslant22$	$17<A\leqslant19$	$12<A\leqslant13$	15
	$A\leqslant33$	$A\leqslant29$	$A\leqslant21$	$A\leqslant17$	$A\leqslant12$	20
Ⅱ、Ⅵ	$33<A\leqslant36$	$27<A\leqslant30$	$20<A\leqslant21$	$16<A\leqslant17$	$12<A\leqslant13$	15
	$A\leqslant33$	$A\leqslant27$	$A\leqslant20$	$A\leqslant16$	$A\leqslant12$	20
Ⅲ、Ⅳ、Ⅴ	$33<A\leqslant36$	$24<A\leqslant27$	$19<A\leqslant20$	$15<A\leqslant16$	$11<A\leqslant12$	15
	$A\leqslant33$	$A\leqslant24$	$A\leqslant19$	$A\leqslant15$	$A\leqslant11$	20

表 2.14 公共建筑容积率(R)评分规则

行政办公、商务办公、商业金融、旅馆饭店、交通枢纽等	教育、文化、体育、医疗卫生、社会福利等	得分
$1.0 \leqslant R < 1.5$	$0.5 \leqslant R < 0.8$	8
$1.5 \leqslant R < 2.5$	$R \geqslant 2.0$	12
$2.5 \leqslant R < 3.5$	$0.8 \leqslant R < 1.5$	16
$R \geqslant 3.5$	$1.5 \leqslant R < 2.0$	20

表 2.15 地下空间开发利用指标评分规则

建筑类型	地下空间开发利用指标		得分
住宅建筑	地下建筑面积与地上建筑面积的比率 R_r 地下一层建筑面积与总用地面积的比率 R_p	$5\% \leqslant R_r < 20\%$	5
		$R_r \geqslant 20\%$	7
		$R_r \geqslant 35\%$ 且 $R_p < 60\%$	12
公共建筑	地下建筑面积与总用地面积的比率 R_{p1} 地下一层建筑面积与总用地面积的比率 R_p	$R_{p1} \geqslant 0.5$	5
		$R_{p1} \geqslant 0.7$ 且 $R_p < 70\%$	7
		$R_{p1} \geqslant 1.0$ 且 $R_p < 60\%$	12

表 2.16 冷、热源机组能效提升幅度评分规则

机组类型		能效指标	参照标准	评分要求	
电机驱动的蒸汽压缩循环冷水(热泵)机组		制冷性能系数(COP)	现行国家标准《公共建筑节能设计标准》(GB 50189)	提高 6%	提高 12%
直燃型溴化锂吸收式冷(温)水机组		制冷、供热性能系数(COP)		提高 6%	提高 12%
单元式空气调节机、风管送风式和屋顶式空调机组		能效比(EER)		提高 6%	提高 12%
多联式空调(热泵)机组		制冷综合性能系数[IPLV(C)]		提高 8%	提高 16%
锅炉	燃煤	热效率		提高 3%	提高 6%
	燃油燃气	热效率		提高 2%	提高 4%

续表 2.16

机组类型	能效指标	参照标准	评分要求	
房间空气调节器	能效比(EER)、能源消耗效率	现行有关国家标准	节能评价值	1级能效等级限值
家用燃气热水炉	热效率值(η)			
蒸汽型溴化锂吸收式冷水机组	制冷、供热性能系数(COP)			
得　　分			5分	10分

表 2.17　可再生能源利用评分规则

可再生能源利用类型和指标		得分
由可再生能源提供的生活用热水比例 R_{hw}	$20\% \leqslant R_{hw} < 35\%$	2
	$35\% \leqslant R_{hw} < 50\%$	4
	$50\% \leqslant R_{hw} < 65\%$	6
	$65\% \leqslant R_{hw} < 80\%$	8
	$R_{hw} \geqslant 80\%$	10
由可再生能源提供的空调用冷量和热量比例 R_{ch}	$20\% \leqslant R_{ch} < 35\%$	2
	$35\% \leqslant R_{ch} < 50\%$	4
	$50\% \leqslant R_{ch} < 65\%$	6
	$65\% \leqslant R_{ch} < 80\%$	8
	$R_{ch} \geqslant 80\%$	10
由可再生能源提供的电量比例 R_e	$0.5\% \leqslant R_e < 1.0\%$	2
	$1.0\% \leqslant R_e < 2.0\%$	4
	$2.0\% \leqslant R_e < 3.0\%$	6
	$3.0\% \leqslant R_e < 4.0\%$	8
	$R_e \geqslant 4.0\%$	10

2.7.2.5　环境宜居

环境宜居内容包括环境宜居控制项和环境宜居评分项。

(1) 环境宜居控制项

① 建筑规划布局应满足日照标准,且不得降低周边建筑的日照标准。

② 室外热环境应满足国家现行有关标准的要求。

③ 配建的绿地应符合所在地城乡规划的要求,应合理选择绿化方式,植物种植应适应当地气候和土壤,且应无毒害、易维护,种植区域覆土深度和排水能力应满足植物生长需求,并应采用复层绿化方式。

④ 场地的竖向设计应有利于雨水的收集或排放,应有效组织雨水的下渗、滞蓄或再利用;对面积大于 10 hm^2 的场地应进行雨水控制利用专项设计。

⑤ 建筑内外均应设置便于识别和使用的标识系统。

⑥ 场地内不应有排放超标的污染源。

⑦ 生活垃圾应分类收集,垃圾容器和收集点的设置应合理,并应与周围景观协调。

(2) 环境宜居评分项

环境宜居评分项如表 2.18 所示。

表 2.18 环境宜居评分项

环境宜居评分项	
Ⅰ场地生态与景观	(1)充分保护或修复场地生态环境,合理布局建筑及景观,评价总分值为 10 分,并按下列规则评分: ①保护场地内原有的自然水域、湿地、植被等,保持场地内的生态系统与场地外生态系统的连贯性,得 10 分; ②采取净地表层土回收利用等生态补偿措施,得 10 分; ③根据场地实际状况,采取其他生态恢复或补偿措施,得 10 分。 (2)规划场地地表和屋面雨水径流,对场地雨水实施外排总量控制,评价总分值为 10 分。场地年径流总量控制率达到 55%,得 5 分;达到 70%,得 10 分。 (3)充分利用场地空间设置绿化用地,评价总分值为 16 分,并按下列规则评分: ①住宅建筑按下列规则分别评分并累计: a. 绿地率达到规划指标 1.05 倍及以上,得 10 分; b. 住宅建筑所在居住街区内人均集中绿地面积,按表 2.19 的规则评分,最高得 6 分。 ②公共建筑按下列规则分别评分并累计: a. 公共建筑绿地率达到规划指标 1.05 倍及以上,得 10 分; b. 绿地向公众开放,得 6 分。 (4)室外吸烟区位置布局合理,评价总分值为 9 分,按下列规则分别评分并累计: ①室外吸烟区布置在建筑主出入口的主导风的下风向,与所有建筑出入口、新风进气口和可开启窗扇的距离不少于 8 m,且距离儿童和老人活动场地不少于 8 m,得 5 分; ②室外吸烟区与绿植结合布置,并合理配置座椅和带烟头收集的垃圾筒,从建筑主出入口至室外吸烟区的导向标识完整、定位标识醒目,吸烟区设置“吸烟有害健康”的警示标识,得 4 分。 (5)利用场地空间设置绿色雨水基础设施,评价总分值为 15 分,按下列规则分别评分并累计: ①下凹式绿地、雨水花园等有调蓄雨水功能的绿地和水体的面积之和占绿地面积的比例达到 40%,得 3 分;达到 60%,得 5 分。 ②衔接和引导不少于 80%的屋面雨水进入地面生态设施,得 3 分。 ③衔接和引导不少于 80%的道路雨水进入地面生态设施,得 4 分。 ④硬质铺装地面中透水铺装面积的比例达到 50%,得 3 分

续表 2.18

环境宜居评分项	
Ⅱ室外物理环境	(1)场地内的环境噪声优于现行国家标准《声环境质量标准》(GB 3096)的要求，评价总分值为10分，并按下列规则评分： ①环境噪声值大于2类声环境功能区标准限值，且小于或等于3类声环境功能区标准限值，得5分； ②环境噪声值小于或等于2类声环境功能区标准限值，得10分。 (2)建筑及照明设计避免产生光污染，评价总分值为10分，按下列规则分别评分并累计： ①玻璃幕墙的可见光反射比及反射光对周边环境的影响符合《玻璃幕墙光热性能》(GB/T 18091)的规定，得5分； ②室外夜景照明光污染的限制符合现行国家标准《室外照明干扰光限制规范》(GB/T 35626)和现行行业标准《城市夜景照明设计规范》(JGJ/T 163)的规定，得5分。 (3)场地内风环境有利于室外行走、活动舒适和建筑的自然通风，评价总分值为10分，按下列规则分别评分并累计： ①在冬季典型风速和风向条件下，按下列规则分别评分并累计： a. 建筑物周围人行区距地面高1.5 m处风速小于5 m/s，户外休息区、儿童娱乐区风速小于2 m/s，且室外风速放大系数小于2，得3分； b. 除迎风第一排建筑外，建筑迎风面与背风面表面风压差不大于5 Pa，得2分。 ②过渡季、夏季典型风速和风向条件下，按下列规则分别评分并累计： a. 场地内人活动区不出现涡旋或无风区，得3分； b. 50%以上可开启外窗的室内外表面的风压差大于0.5 Pa，得2分。 (4)采取措施降低热岛效应强度，评价总分值为10分，按下列规则分别评分并累计： ①场地中处于建筑阴影区外的步道、游憩场、庭院、广场等室外活动场地设有乔木、花架等遮阴措施的面积比例，住宅建筑达到30%，公共建筑达到10%，得2分；住宅建筑达到50%，公共建筑达到20%，得3分。 ②场地中处于建筑阴影区外的机动车道，路面太阳辐射反射系数不小于0.4或设有遮阴面积较大的行道树的路段长度超过70%，得3分。 ③屋顶的绿化面积、太阳能板水平投影面积以及太阳辐射反射系数不小于0.4的屋面面积合计达到75%，得4分

表 2.19　住宅建筑人均集中绿地面积评分规则

人均集中绿地面积 A_g(m^2/人)		得分
新区建设	旧区改建	
0.50	0.35	2
$0.50<A_g<0.60$	$0.35<A_g<0.45$	4
$A_g \geqslant 0.60$	$A_g \geqslant 0.45$	6

2.7.2.6　提高与创新

提高与创新内容包括一般规定和加分项，如表2.20所示。

表 2.20 提高与创新评分项

一般规定	(1)绿色建筑评价时,应按本章规定对提高与创新项进行评价。 (2)提高与创新项得分为加分项得分之和,当得分大于 100 分时,应取为 100 分
加分项	(1)采取措施进一步降低建筑供暖空调系统的能耗,评价总分值为 30 分。建筑供暖空调系统能耗相比国家现行有关建筑节能标准降低 40%,得 10 分;每降低 10%,再得 5 分;最高得 30 分。 (2)采用适宜地区特色的建筑风貌设计,因地制宜传承地域建筑文化,评价分值为 20 分。 (3)合理选用废弃场地进行建设,或充分利用尚可使用的旧建筑,评价分值为 8 分。 (4)场地绿容率不低于 3.0,评价总分值为 5 分,并按下列规则评分: ①场地绿容率计算值不低于 3.0,得 3 分; ②场地绿容率实测值不低于 3.0,得 5 分。 (5)采用符合工业化建造要求的结构体系与建筑构件,评价总分值为 10 分,并按下列规则评分: ①主体结构采用钢结构、木结构,得 10 分。 ②主体结构采用装配式混凝土结构,地上部分预制构件应用混凝土体积占混凝土总体积的比例达到 35%,得 5 分;达到 50%,得 10 分。 (6)应用建筑信息模型(BIM)技术,评价总分值为 15 分。在建筑的规划设计、施工建造和运行维护阶段中的一个阶段应用,得 5 分;在两个阶段应用,得 10 分;在三个阶段应用,得 15 分。 (7)进行建筑碳排放计算分析,采取措施降低单位建筑面积碳排放强度,评价分值为 12 分。 (8)按照绿色施工的要求进行施工和管理,评价总分值为 20 分,按下列规则分别评分并累计: ①获得绿色施工优良等级或绿色施工示范工程认定,得 8 分; ②采取措施减少预拌混凝土损耗,损耗率降低至 1.0%,得 4 分; ③采取措施减少现场加工钢筋损耗,损耗率降低至 1.5%,得 4 分; ④现浇混凝土构件采用铝模等免墙面粉刷的模板体系,得 4 分。 (9)采用建设工程质量潜在缺陷保险产品,评价总分值为 20 分,按下列规则分别评分并累计: ①保险承保范围包括地基基础工程、主体结构工程、屋面防水工程和其他土建工程的质量问题,得 10 分; ②保险承保范围包括装修工程,电气管线、上下水管线的安装工程,供热、供冷系统工程的质量问题,得 10 分。 (10)采取节约资源、保护生态环境、保障安全健康、智慧友好运行、传承历史文化等其他创新,并有明显经济效益,评价总分值为 40 分。每采取一项,得 10 分,最高得 40 分

2.7.3 评价方法

2.7.3.1 一般规定

(1) 绿色建筑评价应以单栋建筑或建筑群为评价对象。评价对象应落实并深化上位法定规划及相关专项规划提出的绿色发展要求;涉及系统性、整体性的指标,应基于建筑所属工程项目的总体进行评价。

（2）绿色建筑评价应在建筑工程竣工后进行。在建筑工程施工图设计完成后，可进行预评价。

（3）申请评价方应对参评建筑进行全生命周期技术和经济分析，选用适宜的技术、设备和材料，对规划、设计、施工、运行阶段进行全过程控制，并应在评价时提交相应分析、测试报告和相关文件。申请评价方应对所提交资料的真实性和完整性负责。

（4）评价机构应对申请评价方提交的分析、测试报告和相关文件进行审查，出具评价报告，确定等级。

（5）申请绿色金融服务的建筑项目，应对节能措施、节水措施、建筑能耗和碳排放等进行计算和说明，并应形成专项报告。

2.7.3.2 评价与等级划分

（1）绿色建筑评价指标体系应由安全耐久、健康舒适、生活便利、资源节约、环境宜居五类指标组成，且每类指标均包括控制项和评分项；评价指标体系还应统一设置提高与创新加分项。

（2）控制项的评定结果应为达标或不达标；评分项和加分项的评定结果应为分值。

（3）对于多功能的综合性单体建筑，应按本标准全部评价条文逐条对适用的区域进行评价，确定各评价条文的得分。

（4）绿色建筑评价的分值设定应符合表 2.21 的规定。

表 2.21 绿色建筑评价分值

项目	控制项基础分值	评价指标体系评分项满分值					提高与创新加分项满分值
		安全耐久	健康舒适	生活便利	资源节约	环境宜居	
预评价分值	400	100	100	70	200	100	100
评价分值	400	100	100	100	200	100	100

注：预评价时，“生活便利”中物业管理评分项内容和“提高与创新”中加分项第 8 条不得分。

（5）绿色建筑评价的总得分应按下式进行计算：

$$Q=(Q_0+Q_1+Q_2+Q_3+Q_4+Q_5+Q_A)/10 \tag{2-1}$$

式中 Q——总得分；

Q_0——控制项基础分值，当满足所有控制项的要求时取 400 分；

$Q_1 \sim Q_5$——评价指标体系五类指标（安全耐久、健康舒适、生活便利、资源节约、环境宜居）评分项得分；

Q_A——提高与创新加分项得分。

（6）绿色建筑应划分为基本级、一星级、二星级、三星级四个等级。

（7）当满足全部控制项要求时，绿色建筑等级应为基本级。

（8）绿色建筑星级等级应按下列规定确定：

① 一星级、二星级、三星级三个等级的绿色建筑均应满足本标准全部控制项的要求，且

每类指标的评分项得分不应小于其评分项满分值的 30%；

② 一星级、二星级、三星级三个等级的绿色建筑均应进行全装修，全装修工程质量、选用材料及产品质量应符合国家现行有关标准的规定；

③ 当总得分分别达到 60 分、70 分、85 分且满足表 2.22 所示的要求时，绿色建筑等级分别为一星级、二星级、三星级。

表 2.22　一星级、二星级、三星级绿色建筑的技术要求

技术要求	星级		
	一星级	二星级	三星级
围护结构热工性能的提高比例，或建筑供暖空调负荷降低比例	围护结构提高 5%，或负荷降低 5%	围护结构提高 10%，或负荷降低 10%	围护结构提高 20%，或负荷降低 15%
严寒和寒冷地区住宅建筑外窗传热系数降低比例	5%	10%	20%
节水器具用水效率等级	3 级	2 级	
住宅建筑隔声性能	—	室外与卧室之间、分户墙（楼板）两侧卧室之间的空气声隔声性能以及卧室楼板的撞击声隔声性能达到低限标准限值和高要求标准限值的平均值	室外与卧室之间、分户墙（楼板）两侧卧室之间的空气声隔声性能以及卧室楼板的撞击声隔声性能达到高要求标准限值
室内主要空气污染物浓度降低比例	10%	20%	
外窗气密性能	符合国家现行相关节能设计标准的规定，且外窗洞口与外窗本体的结合部位应严密		

注：① 围护结构热工性能的提高基准、严寒和寒冷地区住宅建筑外窗传热系数降低基准均为国家现行相关建筑节能设计标准的要求。

② 住宅建筑隔声性能对应的标准为现行国家标准《民用建筑隔声设计规范》(GB 50118)。

③ 室内主要空气污染物包括氨、甲醛、苯、总挥发性有机物、氡、可吸入颗粒物等，其浓度降低基准为现行国家标准《室内空气质量标准》(GB/T 18883)中的有关要求。

思　考　题

(1) 我国最新的绿色建筑评价体系中有哪些内容？

(2) 简述绿色建筑评价指标体系的控制项的作用。

(3) 如何理解国内外绿色建筑评价体系的差异？

3 绿色建造

3.1 绿色建造的概念与意义

3.1.1 绿色建造的概念

绿色建造是指体现可持续发展的理念，立足于工程建设总体，在施工图设计和施工全过程中，在保证安全和质量的前提下，通过科学管理和技术进步，提高资源利用效率，最大限度地节约资源和能源，减少污染，保护环境，实现绿色建筑产品的工程建设活动。

3.1.2 绿色建造的含义

3.1.2.1 绿色建造的目的

绿色建造是在人类日益重视可持续发展的基础上提出的。绿色建造的根本目的是实现建筑业的可持续发展。

3.1.2.2 绿色建造的本质

绿色建造的本质是工程建设活动，这种活动是以保护环境和节约资源为前提的。资源节约是强调在保护环境前提下的节约，与传统施工中的节约成本、单纯追求施工企业的经济效益最大化有本质区别。

3.1.2.3 绿色建造的理念

绿色建造的理念是“环境友好、资源节约、过程安全、品质保证”。绿色建造在关注工程建设过程安全和质量保证的同时，更注重环境保护和资源节约，实现工程建设过程的“四节一环保”。

3.1.2.4 绿色建造的实施路径

绿色建造的实施主要包括施工图绿色设计和绿色施工两个环节，是施工图的绿色设计、绿色建造技术进步和系统化的科学管理。施工图绿色设计是实现绿色建造的关键,科学管理和技术进步是实现绿色建造的重要保障。

3.1.2.5 绿色建造的实施主体

绿色建造的实施主体是工程承包商,并需由相关方(政府、业主、总承包商、设计和监理等)共同推进。政府是绿色建造的主要引导者,业主是绿色建造的重要推进者,承包商是绿色建造实施的责任主体。

3.1.3 推进绿色建造的意义

绿色建造是国际通用的建造模式,是基于国家和社会的整体利益,着眼于建筑行业实施控制的先进方法,是一种提升建筑品质、促进建筑业可持续发展、与国际接轨的科学模式。

3.1.3.1 绿色建造是建筑业实现可持续发展、促使环境治理的需要

建筑业是一个资源消耗较高、环境影响较大、工业化水平不高的产业。目前,我国建筑业消耗了全国40% 的能源,全国45% 的水泥、50% 以上的钢材,造成的建筑垃圾占全国垃圾总量的40% 左右。绿色建造强调工程建设过程中最大限度地减小对场地和环境的影响,严格控制污染,是一种把质量保证、资源高效利用和环境保护作为核心指标,注重建设过程与环境友好的建造模式,有利于建筑业的可持续发展和环境的治理与保护。

3.1.3.2 绿色建造是助推我国建筑业转型升级和快速发展的重大举措

传统建筑业,在建筑施工过程中面临着资源消耗大、环境污染严重、生产方式粗放等问题,创新建筑建造方式,推动建筑业转型升级早已迫在眉睫,而智慧绿色建筑近年来如雨后春笋般涌现,成为传统建筑业转型升级的重要推动力。

2017 年,国务院办公厅印发了《关于促进建筑业持续健康发展的意见》(以下简称《意见》),明确提出"推广智能和装配式建筑""加强技术研发应用",用科技手段促进建筑产业发展已是大势所趋。《意见》的提出,对改变传统建造方式、促进建筑企业转型升级具有重要意义。

习近平总书记在2019 年新年贺词中指出,中国制造、中国创造、中国建造共同发力,继续改变着中国的面貌。中国建造已然被广泛认同。

中国建造(既包括城市房屋、市政基础设施,也包括各类基础设施)要充分体现节能、节地、节水、节材和环境保护,即实现绿色建筑和绿色建造。绿色建造与高质量发展成为建筑产业深化改革、转型升级、科技跨越的主脉络。

3.1.3.3 绿色建造是我国建筑业与国际接轨,走向国际市场的必要条件

当前,"低碳经济""可持续发展"已成为国际共识,欧美发达国家已经把绿色环保纳入

市场准入的考核指标。美国建造者和承包商协会(Associated Builders and Contractors)推出的绿色承包商认证(Green Contractor Certification),其评审内容不仅包括承包商承建LEED项目情况,还涵盖承包商绿色建造与企业绿色管理情况。这些无形中形成的绿色贸易壁垒,给我国建筑企业的国际化造成了影响,使我国建筑企业在争夺国际市场时面临更大的压力和挑战。因此,推行绿色建造,建造绿色建筑产品,提升建筑企业绿色建造能力,是打破发达国家绿色贸易壁垒,使我国建筑业与国际接轨,进入国际市场、赢得国际竞争的必要条件。

3.1.3.4 绿色建造有利于实现资源和能源的高效利用

传统的工程承包模式中,施工图是设计单位的最终技术产品,与施工单位主导的施工过程是分离的。绿色建造将施工图设计和施工过程进行有机结合,能够促使工程承包商立足于工程总体角度,从施工图设计、材料选择、楼宇设备选型、施工方法、工程造价等方面进行全面统筹,有利于工程项目综合效益的提高。同时,绿色建造要求工程承包商通过科学管理和技术进步来制定节能措施,如采用高效节能的机械设备和绿色性能好的建筑材料,改进施工工艺,最大限度地利用场地资源,增加对可再生能源的利用程度,加强建筑废弃物的回收利用等,从而提高工程建造过程的能源利用效率,减少资源消耗,实现“四节一环保”。

3.1.3.5 绿色建造有利于质量责任的明晰

绿色建筑的形成是各方共同努力的结果,要求承包商对绿色建筑负重要责任,需要策划、规划、设计、施工、运营、物业等各方均实现绿色理念。绿色建造将施工图绿色设计和绿色施工有效结合起来,其实质是将工程建设中关联相对紧密的两个重要环节的主体责任均集中于工程总承包企业,使工程建设的质量责任主体更加清晰。反映在绿色理念的推进上,承包商不仅对施工过程绿色化负有实质性责任,而且还对绿色建筑的形成起到重要作用。

3.1.4 绿色建造与绿色建筑的关系

住房城乡建设部发布的《绿色建筑评价标准》(GB/T 50378)中定义,绿色建筑是指在建筑的全生命周期内,最大限度地节约资源、保护环境和减少污染,为人们提供健康、适用和高效的使用空间,与自然和谐共生的建筑。

绿色建造与绿色建筑互相关联又各自独立,包括:

(1) 绿色建造主要是一种过程,是建筑的生成阶段;而绿色建筑则表现为一种状态,提供给人们生产和生活的既定空间。

(2) 绿色建造可促使甚至决定绿色建筑的生成;但基于项目前期策划、规划、方案设计及扩初设计绿色化状态的不确定性,故仅靠绿色建造不一定能形成绿色建筑。

(3) 绿色建筑的形成,需要从前期策划、规划、方案设计及扩初设计等阶段着手,确保各阶段成果均实现绿色理念；绿色建造应在项目实施前期各阶段成果实现绿色理念的基础上，沿袭既定的绿色设计思想和技术路线，实现施工图设计和施工过程的双重绿色理念。

(4) 绿色建造主要涉及工程项目的生成阶段，特别是施工过程对环境影响相当集中；绿色建筑事关居住者健康、运行成本和使用功能，对整个使用周期均有重大影响。

3.1.5 绿色建造与绿色施工的关系

住房城乡建设部颁布的《绿色施工导则》中对绿色施工进行了明确定义，绿色建造是在绿色施工的基础上，向前延伸至施工图设计的一种施工组织模式，绿色建造包括施工图的绿色设计和工程项目的绿色施工两个阶段，如图 3.1 所示。绿色建造使施工图设计与施工过程实现良好衔接，可使承包商基于工程项目的角度进行系统策划，实现真正意义上的工程总承包，提升工程项目的绿色实施水平。

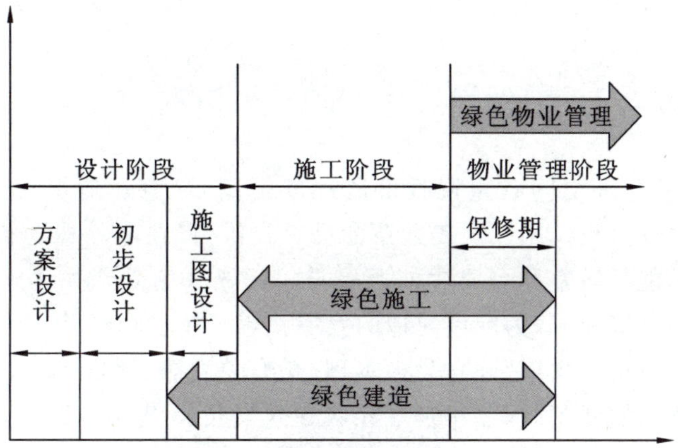

图 3.1 绿色建造与绿色施工的关系示意图

3.2 绿色建造的发展

3.2.1 绿色建造提出的背景

1987 年，联合国“世界环境与发展委员会”发表了题为《我们共同的未来》的报告，这份报告鲜明地提出了三个观点：一是环境危机、能源危机和发展危机不能分割；二是地球的资源和能源远不能满足人类发展的需要；三是必须为当代人和下代人的利益改变发展模式。

在此基础上报告提出了“可持续发展”的概念。该报告深刻指出，在过去，我们关心的是经济发展对生态环境带来的影响，而现在，我们正迫切地感到生态的压力对经济发展所带来的重大影响。因此,我们需要有一条新的发展道路,这条道路不是一条仅能在若干年内、在若干地方支持人类进步的道路,而是一直到遥远的未来都能支持全球人类进步的道路。这一鲜明、创新的科学观点,把人们从单纯考虑环境保护引导到把环境保护与人类发展切实结合起来,实现了人类有关环境与发展思想的重要飞跃。“可持续发展”的观点,得到了国际社会的广泛认同。

绿色建造是在倡导“可持续发展”和“循环经济”等大背景下提出的,是一种国际通行的建造模式。绿色建造是人类日益重视可持续发展的模式。

面对我国提出的“建立资源节约型、环境友好型”的新要求及“绿色建筑和建筑节能”的优先发展主题,建筑业推进绿色建造已是大势所趋。研究和推进绿色建造,对于提升我国建筑业总体水平,实现建筑业可持续发展并与国际市场接轨具有重要意义。

绿色建筑是建筑行业实践可持续发展的具体形式,绿色建造是形成绿色建筑产品的重要过程。

延伸阅读:《我们共同的未来》。

【扫码演示】

3.2.2 国外绿色建造的发展概况

随着人们对能源与环境问题重视程度的不断提高,绿色建造在发达国家经历了从萌芽、探索到发展的演变过程。第一次工业革命后,“自维持”住宅的概念被提出,建筑材料的热性能、暖通设备的能耗效率和可再生能源等技术问题开始受到关注。20 世纪 70 年代能源危机后,开始倡导节能建筑,为绿色建造的发展积累了技术和经验。20 世纪末,发达国家的建造活动逐步将“可持续发展”确立为根本理念,有关立法、评价体系、示范工程等得以确立和实施,逐步探索与实践了“绿色建筑”“零碳建筑”“可持续建造”等行动。21 世纪以来,在前期探索和实践的基础上,绿色建造在发达国家得到较快的普及与推广,成为建造领域的主导发展方向。

欧美等发达国家主要从政策法规引导、示范工程推进和技术管理创新三个方面来系统推进和实施绿色建造。

3.2.2.1 政策法规引导

欧美国家推动绿色建造和绿色建筑,首先采取法律政策进行引导、激励和规范,同时也强调企业自愿推进和实施。英美等国家提出了系统的政策法规以推动本国绿色建造发展。美国为推动绿色建造发展,出台了《联邦环境、能源和经济绩效领先》《能源政策法案 2005》《能源独立安全草案 2007》等相关法规。美国联邦政府部门、地方机构及社会也组织编制了相应的实施指南,如美国国家事务局 GSA 编制的《公共建筑设施标准》。2006 年,英国政府出台了《可持续住宅法规》;2010 年,英国标准协会发布了《建筑物可持续性评价一般框架》,与此相关的其他标准还有《建筑物环境绩效评价框架》《建筑物环境绩效评价计算方法》《可持续建筑工程产品分类核心规则》等。此外,有些地方政府及行业协会也发布了有关规定和指南，如苏格兰环境保护署发布的《建筑工人环境指南》等。

在现场绿色施工、环境管理方面，英国环境管理部门针对各行业（包括建筑施工现场）提出了有关环境保护的要求。一些行业协会或大型施工企业按有关要求制定有关作业手册，如英国土木协会制定的《建筑现场环境管理手册》，美国绿色建筑先驱 TURNER 公司制定的《绿色建筑总承包商指南》，但均未能将施工过程中的能源、环境、质量和职业健康安全等要素整合并融合到分部施工工艺过程中。在认证与评价体系以及标准方面，多集中于绿色建筑评价。其中，英国最早制定相关评价体系——《建筑研究所环境评估法》。但美国涉及绿色建造的评价标准体系数量多、影响大，最具代表性的是《能源和环境设计先锋标准体系》。近年来，美国 LEED 标准体系针对的评价对象不断扩展，已形成新商业建设和主要修复项目，现有建筑运营、商业室内项目、核心和围护结构、住宅、社区邻里开发、学校和医疗卫生等七大系列。2010 年，加拿大 GBTool 被美国标准研究院批准，成为美国第一个商业建筑评价标准，并于 2013 年作为美国总务管理局推荐的继 LEED 后的第二个绿色建筑认证标准。德国开展绿色建筑评价较晚，始于 2008 年，涉及的标准主要有《德国可持续建筑认证体系》《政府大楼可持续建筑评价系统》等，其中后者在绿色建筑方面建立了更高标准。

伴随绿色建筑认证的浪潮，一些国家的组织和机构进一步向建造过程渗透，逐步弥补绿色建筑认证针对建造过程重视不足的问题。《土木工程环境质量评价标准》由英国土木工程师协会（ICE）发起、制定和组织认证，其评价阶段包括设计、施工、竣工后的成品。近年来，美国建造者和承包商协会推出的绿色承包商认证就囊括了承包商绿色施工与承包商整个企业绿色管理情况。2010 年，欧洲建造企业研究与发展网络发布了《建造业碳排放测量议定书》。为及时反映施工现场的环境管理最佳实践并指导现场的环境管理，英国建造业研究和情报协会（CIRIA）印发了《建造业环境最佳实践指南》。

3.2.2.2 示范工程推进

在制定很多绿色建筑的法律法规以及运用先进的评价标准的基础上，国外推进绿色建造的又一做法是积极推广示范性项目。较新的一个示范案例是英国金斯潘住宅，它代表了英国“可持续住宅规范”中的最高标准——“零碳排放住宅”，英国所有新建住宅到 2016 年必须全部达到该标准。伦敦地区应用资源整合技术，整个中心示范工程减少能耗 75%。

在美国，能源之星建筑计划由美国环保部管理，是自愿性的商业建筑能效计划，侧重于在大多数建筑中通过使用具有一定科技含量的技术获得盈利性机会，参与者有望节能 30%。2010 年，由 Parsons 公司提供全程管理，启动高效绿色建筑计划，针对美国华盛顿地区 23 个联邦政府大楼节能改造的设计、建造项目，依照 LEED 标准，采用近 80 个节能技术。

近年来，德国政府工程中可持续建筑评价获得金奖的典型工程主要有：埃伯斯瓦尔德工程、德绍市联邦环保署大楼、汉诺威地区新建住宅等，其中环保部的工程被评价为达到德国可持续建筑认证最高程度的项目。

3.2.2.3 技术管理创新

发达国家推进绿色建造的另一重要措施就是技术管理上的创新。自 2011 年，德国最大承包商 HOCHTIEF 就致力于“碳中和”建造技术的研发，旨在对建筑物在建造和运营过程中产生的碳进行中和。为应对建筑物老化问题，HOCHTIEF 还与达姆施塔特工业大学合作开展应对(建筑)老化新生概念技术研究。法国最大承包商 VINCI 公司 2012 年研发预算达 4700 万欧元，研发项目涉及企业发展的核心技术，如生态设计、能源绩效、基础设施的可持续性等。VINCI 公司自行或合作开发的生态设计工具已有 7 个，如 CONCERNED 生态设计工具，整合公司范围内建筑项目全生命周期各阶段的专家系统，用于计算碳排放足迹和开发低碳技术措施。

绿色建造技术管理创新提升了工程承包企业的核心竞争力，打破了长期以来承包市场的格局。自 2008 年金融危机以后，全球最大承包商德国 HOCHTIEF 公司与美国老牌承包企业 TURNER 公司合作打造新型绿色承包企业，多年来 TURNER 公司始终位居美国“工程新闻记录”评选的绿色承包商第一把交椅，2013 年营业收入达 53.2 亿美元。通过技术管理创新，DPR 建筑公司从 2012 年第 11 名跃居至 2013 年第 5 名，SWINERTON 公司从 2012 年第 19 名跃居至 2013 年第 8 名。

总之，欧美发达国家通过制定较为系统的政策法规、推广示范工程、加强技术管理创新等措施，推进了绿色建造的实施。

3.2.3 我国绿色建造的发展概况

我国建筑业的绿色建造源于 20 世纪 80 年代从西方发达国家引入的绿色建造概念。目前，国内对绿色建造的范围界定包括绿色设计和绿色施工两部分，由于建设管理体制的局限性，当前两者处于相对分离、自我发展的状态。因此，绿色设计和绿色施工经历过各自不同的发展阶段。

3.2.3.1 绿色设计的发展历程

我国建筑行业的绿色设计发展可以分为概念萌芽、缓慢成长、快速发展三个阶段。

(1) 概念萌芽阶段(1978—1992 年)

在概念萌芽阶段，主要是在设计院(所)范围内开始引入、研究、学习关于绿色设计的基本概念和设计方面的初步做法。

(2) 缓慢成长阶段(1993—2006 年)

在缓慢成长阶段，主要是开展选择性的试点进行绿色设计的实际应用和推广。由于人们对绿色建筑理解程度的差异，这个阶段中的相关工作推进得比较缓慢，甚至还有反复，缺少相关法律和规范等方面的支持。

(3) 快速发展阶段(2007 年至今)

2007 年以来，我国进入工业化、城镇化加速发展时期，消费者对绿色建筑产品的需求量逐步增大，绿色设计的发展速度明显加快，特别是随着绿色建筑相关法规体系、激励政策的进一步完善，更多的建设单位、设计单位积极主动地按照国家的《绿色建筑评价标准》或者参照美国 LEED 评价标准及其他先进标准进行绿色设计实践。

3.2.3.2 绿色施工的发展历程

我国绿色施工的发展稍晚于绿色设计。绿色施工的发展历程可以划分为三个阶段，即概念引入阶段、制度创设阶段和成长发展阶段。

(1) 概念引入阶段(2003—2007 年)

2001 年，我国政府在申办 2008 年夏季奥运会承办权时提出了“绿色奥运、科技奥运、人文奥运”的理念。以“绿色奥运”口号的提出为分界线，表明建筑行业从仅重视现场文明施工、建筑节能走向对绿色施工和节能、减排、环保的全面认知。

(2) 制度创设阶段(2007—2010 年)

以 2007 年建设部颁布的《绿色施工导则》为标志，该导则明确了绿色施工的原则，阐述了绿色施工的主要内容，制定了绿色施工总体框架和要点，提出了发展绿色施工的新技术、新设备、新材料、新工艺和开展绿色施工应用示范工程等，建筑企业在绿色施工方面有了共同的行为规范。

(3) 成长发展阶段(2010 年至今)

由中国建筑业协会于 2015 年颁布并组织实施的《全国建筑业绿色施工示范工程管理办法》，推动了从项目层面到企业层面绿色施工管理机制的形成，从而使创建绿色施工示范工程活动成为引领建筑企业实践绿色发展的载体。

3.2.3.3 绿色建造发展的要素

绿色建造是指在工程建造过程中体现可持续发展的理念，通过科学管理和技术进步，最大限度地节约资源和保护环境，满足绿色消费要求，生产绿色建筑产品的工程活动。按照上述定义，绿色建造发展主要有五个维度的构成要素。

(1) 绿色建造发展的基础要素

建立健全标准规范的体系是绿色建造发展的基础环节。绿色建造的前提条件是保证工程质量和安全。绿色建造的实施首先要满足工程质量合格和生产安全保证等基本条件，如果不能确保质量和安全，绿色建造就失去了最基本的意义。绿色建造中的节约资源是强调在环境保护前提下的资源高效利用，与传统设计和施工所强调的单纯降低成本、追求经济效益有本质区别。

(2) 绿色建造发展的方向要素

绿色建造是一项系统工程，涉及工程项目全生命周期的多个阶段和多个主体。绿色建造目标的实现需要政府、协会、业主、设计、施工等相关方协同推进。政府、协会、企业(包括建设单位、设计单位、监理单位、施工单位等)应对绿色建造发挥各自职责范围内的应有作用，其中，政府所主导的产业政策成为绿色建造发展路径的方向。

(3) 绿色建造发展的动力要素

绿色建造的目标是在人类日益重视社会经济可持续发展和生态文明建设的基础上提出的,绿色建造的本质是以节约资源和保护环境为前提的工程活动。解决资源浪费、环境污染问题,不能仅仅寄托于简单的强制性措施,必须依靠制度创新,综合利用各种手段激发相关主体的积极性。

(4) 绿色建造发展的支撑要素

绿色建造的实现依赖于绿色设计技术和绿色施工技术的突破。绿色设计和绿色施工是绿色建造的两个核心过程,绿色设计是绿色建筑产品的前置条件,绿色施工能够保障绿色设计蓝图的实现,系统化的科学管理和技术进步是实现绿色建造的重要途径。

(5) 绿色建造发展的标杆要素

绿色建造的最终产品是绿色建筑,绿色建造是绿色建筑的生成过程,这个过程区别于传统的建筑施工过程,没有成功的经验可以借鉴,必须通过典型示范、样板引路,从而使绿色建造推广到更大的范围。

3.2.3.4 绿色建造发展的特征

绿色建造发展在方向、动力、支撑、基础、标杆五个维度的构成要素上反映出绿色建造发展的基本特征。政策引导是方向要素的特征,制度创新是动力要素的特征,技术突破是支撑要素的特征,标准规范是基础要素的特征,典型示范是标杆要素的特征。这些特征与政府、协会、企业之间形成绿色建造运行体系。

(1) 绿色建造发展的政策引导特征

绿色建造的发展需要政府的政策引导发挥作用。政府通过出台政策,持续引领绿色建筑和节能减排。2012 年,国务院印发《节能减排"十二五"规划》(国发〔2012〕40 号);2013 年,国务院办公厅转发了国家发展改革委、住房城乡建设部联合发布的《绿色建筑行动方案》(国办发〔2013〕1 号);此外,财政部、住房城乡建设部联合发布了《关于加快推动我国绿色建筑发展的实施意见》(财建〔2012〕167 号),住房城乡建设部印发了《"十四五"建筑节能与绿色建筑发展规划》(建标〔2022〕24 号)等一系列政策文件,指明了绿色建筑的发展方向,对发展绿色设计和绿色施工提出了有效的引导方略。

(2) 绿色建造发展的制度创新特征

由住房城乡建设部科学技术委员会和相关行业协会牵头,先后制定了绿色建筑创新奖(2004 年)、绿色建筑设计和运行评价标识(2007 年)等制度,并配套实施激励措施,例如,二星级绿色建筑奖励标准为每平方米 45 元;三星级绿色建筑奖励标准为每平方米 80 元;绿色生态城区资金补助标准 5000 万元,以此推动绿色建筑、绿色设计、绿色施工和建筑节能工作。

以绿色建筑设计与运行评价标识为标志,我国绿色建筑设计的发展呈现以下三大趋势:一是起步虽晚但发展势头迅猛,这表明,随着可持续发展理念的不断深入,追求绿色建筑日益成为建筑行业的自觉行为和目标;二是沿海地区的绿色设计的发展速度和规模明显优于中西部地区，这体现出绿色设计发展的地区不平衡性依然存在；三是绿色设计在住宅建筑领域更加得到人们的重视，这说明，人们对自身健康状况和宜居环境的关注程度在不断提高。

(3) 绿色建造发展的技术突破特征

通过在全行业范围内推广应用住房城乡建设部颁布的《建筑业 10 项新技术》，从环境保护技术、节能与能源利用技术、节材与材料资源利用技术、节水与水资源利用技术、节地与土地资源保护技术以及包括信息化施工技术在内的新技术、新工艺、新材料、新设备等“四新”技术方面取得突破，并以工法形式转化为知识积累，为绿色建造提供技术支持。

(4) 绿色建造发展的标准规范特征

在工程建设领域，国家先后出台了 30 多部相关的法律法规，用以调整绿色建造过程中相关主体的关系和绿色建造活动行为。在操作层面，建立健全绿色设计、绿色施工相关标准和规范，颁布《绿色建筑评价标准》、《绿色施工导则》、《建筑与市政工程绿色施工评价标准》(GB/T 50640)、《工程施工废弃物再生利用技术规范》(GB/T 50743)、《建筑工程绿色施工规范》(GB/T 50905)等 10 余项标准，通过这一系列标准的实施，可以有效规范设计单位、施工单位在发展绿色建造过程中的工作规则。

(5) 绿色建造发展的典型示范特征

通过典型示范路径，把绿色施工示范工程的经验和做法推广到更多类型的建筑业企业。创建绿色施工示范工程的目的在于充分发挥示范引领和标杆作用，积极开展绿色建造技术的应用与创新，促进建筑业向绿色、低碳、高效方向发展。从 2010 年起，中国建筑协会正式公布了绿色施工示范工程，这些工程起到了显著的示范和带动作用。

3.2.4 绿色建造发展的未来趋势

随着我国新型工业化、城镇化、信息化、农业现代化、绿色化的深入发展，建筑业已经成为稳增长、调结构、惠民生的重点产业。从建筑业面临实施“一带一路”和新型城镇化建设任务的挑战来看，绿色建造的未来发展路径特征体现为与新型建筑工业化、信息化技术、精益建造、循环经济之间的融合趋势。

3.2.4.1 绿色建造与新型建筑工业化的融合趋势

绿色建造技术的发展，必然要与建筑工业化的大方向有机结合。建筑工业化是指采用现代工业化的大规模生产方式代替传统的手工业生产方式来建造建筑产品。采用工业化生产方式能够加快工程建设速度，改善作业环境，提高劳动生产率，降低劳动强度，减少资源消耗，提高施工质量，保障安全生产，降低污染物排放，以合理的工时及价格来建造满足各种使用要求的建筑。建筑生产工业化是建设技术与管理水平的综合体现，工业化程度的高低体现了建筑产业现代化的水平。绿色建造与建筑工业化的有机结合才能保持其长久的生命力。

3.2.4.2 绿色建造与现代信息化技术的融合趋势

在“互联网＋”时代，绿色建造需要强有力的信息化技术支撑。信息化技术能够大幅度提高工程建设的全生命周期优化、专业化协同、集成化效益、虚拟化施工、动态化目标控制精度，从而提高绿色建造过程的“智慧管理”程度。近年来，以 BIM 技术为代表的各种新兴建筑信息技术不断涌现，对工程建设过程的协同和集成的影响日益显著，借助于现代信息技术，绿色建造将取得更好的实际效果。

3.2.4.3 绿色建造与精益建造的融合趋势

同制造业相比，建筑行业生产效率很低，工作条件恶劣，产品质量难以保证。丹麦学者 Lauris Koskela 在 1992 年提出要将制造业已经成熟应用的生产原则（包括精益管理等）应用到建筑业，以提高建筑业的管理水平，并于 1993 年在 IGLC（International Group of Lean Construction）大会上首次提出“精益建造”（Lean Construction）概念。

建筑项目具有复杂性和不确定性，所以精益建造不是简单地将精益生产的概念应用到建造中，而是根据精益生产的思想，结合建造的特点，对建造过程进行改造，从而形成功能完整的建造系统。

中国精益建造技术中心把精益建造定义为：综合生产管理理论、建筑管理理论以及建筑生产的特殊性，面向建筑产品的全生命周期，持续性地减少和消除浪费，最大限度地满足顾客要求的系统性方法。与传统的建筑管理理论相比，精益建造更强调面向建筑产品的全生命周期，持续性地减少和消除浪费，把完全满足客户需求作为终极目标。

精益建造思想和方法的应用，能够极大地推动绿色建造所提出的节能、节材、节水、节地、环境保护目标的实现。

3.2.4.4 绿色建造与建筑业循环经济的融合趋势

根据建筑产品生产过程的技术经济特点和循环经济的基本原理，绿色建造与建筑业循环经济的融合具有广阔的技术经济空间。把循环经济的“3R 原则”[即减量化（Reduce）、再使用（Reuse）、再循环（Recycle）]应用至建设单位、设计单位、施工承包商、材料设备供应商等建造活动主体的内部运营过程，能够极大地促进绿色建造目标的实现。例如设计单位可在确保建筑物使用功能的前提下，进行设计方案的优化比选，尽量减少建筑材料的使用，尽量减少使用过程的能源耗费，从而满足绿色设计的要求；施工承包商开展节能、节材、节水等活动并对建筑垃圾回收使用，从而在更高的层次上达到绿色施工的要求。

3.2.5 我国绿色建造的发展方向

我国绿色建造虽然起步较晚，但是由于从方向、动力、支撑、基础、标杆等维度选择了适合本国国情的发展路径，因而发展迅速，取得了很大的成绩。

党的十八大和十八届三中、四中、五中、六中全会及中央城镇化工作会议、中央城市工作会议提出了“创新、协调、绿色、开放、共享”的发展理念，大力推动建造方式创新，着力提升建筑业企业核心竞争力。党的十八届五中全会强调，实现“十三五”时期发展目标，破解发展难题，厚植发展优势，必须牢固树立并切实贯彻“创新、协调、绿色、开放、共享”的发展理念。在五大发展理念中，创新发展理念是方向、是钥匙，是引领发展的第一动力。

2014 年，住房城乡建设部出台《关于推进建筑业发展和改革的若干意见》，全面推进建筑业发展方式转变，即“从粗放型发展向精细化发展转变”。由此，绿色建筑、智能建造、建筑工业化走上发展前台。其中，“绿色化”是整个建筑业发展的总纲领、总核心；“信息化”与“工业化”是实现绿色化的手段和措施。建筑业行业整体转型的大趋势已经形成。

工程建设的最终目的是为人民创造幸福家园，但客观上工程建设活动在为民众创造福祉的同时，对自然环境也造成了一定的负面影响。如何最大限度地降低工程建造活动对自然生态环境和居民生产生活产生的负面影响，是中国建造更是绿色建造需要下大力气进行技术攻关的主导方向。作为绿色建造，可以从如下几个方面确定发展方向。

一是要把保护和节约资源放在非常重要的位置来研究，包括节能、节水、节地、节材，还要节约人力资源和设备资源。

二是保护环境和控制污染，污染包括固体废弃物污染、水污染、气体污染和噪声污染等。

三是要以人为本减轻劳动强度，改善作业条件。装配化的提出，实质上就是为了最大限度地减少现场的工作量，减轻劳动强度，改善作业条件。

四是要推进建造的机械化、工业化和信息化。

五是要基于工程项目管理模式进行创新，工程项目总承包负总责 PEPC(Planning Engineering Procurement Construction)的承包模式与基于全生命周期的工程设计咨询服务 DCS(Design Consult Service)相结合的工程项目管理模式(PEPC+DCS)，有利于绿色建造的推进，培养企业自立于市场，应在建设行业加大研究推进的力度。

3.3 绿色建造案例

山东省青岛市国际会议中心项目是绿色建造与高质量建造的集中体现和示范(图 3.2 至图 3.5)，该项目仅用 6 个月就顺利建成，比传统建造方式缩短工期 18 个月，创造了新的中国建造奇迹。

青岛国际会议中心建筑面积 5.4 万平方米，会议中心建筑内公共空间平行于各层会议厅，具有良好的景观视野。在曲面坡屋顶下方是会议厅、观海长廊、檐廊、景观广场、亲水平台。从造型上看，主会场就像是一只展翅的海鸥飞翔在黄海之滨。从空中鸟瞰，青岛国际会议中心犹如一只舒展两翼的海鸥，山、城、海、港、堤融为一体，寓意“腾飞逐梦，扬帆领航”。

图 3.2　青岛国际会议中心实景图

图 3.3　青岛国际会议中心一角

图 3.4　外部柱

青岛国际会议中心项目要求在 2018 年 3 月 31 日完成竣工验收。从 2017 年 9 月 26 日进场施工开始，留给“设计＋建造”的总工期仅有 6 个月，包括拆改、设计、采购、施工、调试全过程，时间紧、任务重，因此建设方决定采用全钢结构全装配式的建造方式，即结构、机电、装饰装修全装配式。其中，钢结构装配率为 97.5%，安装主管道及设备装配率达到 95.3%，装饰装修装配率达到 93.5%（包括屋面和幕墙）。该项目用 8 天时间完成原有地上建筑物的全部拆除并外运；用 46 天时间完成 1.1 万吨钢结构吊装；用 30 天时间完成 1.1 万平方米外幕墙施工。最终仅用 6 个月时间，便完成全部建设任务。

在主体结构全钢结构装配式施工中，1.1 万吨钢结构构件全部为 BIM 建模，数字化加工，到场即安装。构件连接全部采用栓接方式，既减少焊缝检测时间，又减少焊接烟尘对环境的污染。结构安装现场用工数量比传统方式减少三分之二，工期仅为 46 天。

图 3.5　中心内部装修

在机电安装中，采用施工一体化技术，通过 BIM 技术合理拆分，然后根据拆分后的模型信息在工厂预制加工，最后在现场顺序拼装。2.2 万延米主管道和桥架线路由工厂定制加工，232 台设备整机安装，比传统方式缩短工期近 5 个月。

在装饰装修工程中，通过三维扫描技术与云模型对比，按图排版下单，现场无切割，装配率达到 90%，一次成功；15 天即完成 1.8 万平方米的石材铺贴，18 天完成 3.3 万平方米的吊顶和墙面石材安装，节约工期 8 个月，优良率 100%。

青岛国际会议中心建设启动前，项目部就组建了 200 多人的设计团队和 50 多人的建筑信息模型(BIM)工作组，应用“BIM＋VR”、“BIM＋3D 打印”、“BIM＋无人机＋点云”、异形结构空间定位技术等，对实体钢结构进行 3D 扫描，通过 BIM 逆向建模，建立了与主体结构一致的模型，与最终的实际建筑误差控制在 10 mm 以内。

该项目团队在青岛国际会议中心建设过程中，使用了 21 大类建筑材料，98 种环境控制指标高于国家标准。其中，30 种装饰装修材料的 216 项物理性能控制指标达到世界领先水平。同时，青岛国际会议中心项目还采用了太阳能光伏板、雨水回收系统、智能照明灯等六大成套技术和 108 项专项技术，实现了高品质、无事故、高环保、无异味的精品工程管理目标。在场馆建设过程中，绿色节能的理念也贯穿其中。例如，在主会场的金属屋面上，铺设有 4400 m^2、相当于 10 个标准篮球场大小的光伏太阳能板，太阳能与 UPS 不间断电源配合使用，即便停电也能确保馆内设施正常运转。玻璃还采用了纳米自洁技术，能节省后期玻璃幕墙清洗维护成本。此外，项目团队还攻克了钢结构焊接烟雾净化处理技术、超大面积玻璃幕墙吊装技术、超大防火门安装技术等，创建了国内建筑业创新技术应用示范工程。

青岛国际会议中心项目通过“装配式＋EPC＋BIM＋超低能耗＋智慧建造”的成功实践，成为建筑业实现绿色建造与高质量发展、实现转型升级和科技跨越的成功范例。

思　考　题

(1) 绿色建造的概念是什么？

(2) 绿色建造与绿色建筑、绿色施工的关系是什么？

(3) 绿色建造未来的发展趋势如何？

4 绿色建造评价

4.1 绿色建造技术提出的背景

推进绿色建造是满足建筑品质提升和建筑业可持续发展的需要，是我国建筑企业与国际接轨、走向国际市场的重要条件，是我国建筑业发展的必然趋势。明确绿色建造技术的发展方向，进行绿色建造技术研究和实践，是推进和实施绿色建造的前提条件。

众所周知，绿色建造类似于我国工程建设中的施工图绿色设计和绿色施工两个阶段的叠加。基于此的绿色建造技术研究，必然包含施工图绿色设计技术和绿色施工技术两个方面。因此，绿色建造不仅要遵循有关要求实现绿色施工，施工图设计也必须因地制宜，与施工现场紧密结合，贯彻和体现总体规划和初步设计意图，最终实现施工图绿色设计。只有这样，才能真正实现预期的绿色建筑效果，才能在建筑全生命周期的“生成阶段”构建与总承包商实施绿色建造的责、权、利对等的工程承包体系。

基于以上分析，在提出绿色建造技术 10 个发展主题的同时，按阶段将绿色建造技术分为施工图绿色设计技术和绿色施工技术两大部分，每个部分均按“四节一环保”的 5 个要素进行归类。对于一些不复杂但对推进绿色建造作用较大的新技术、新工艺、新材料和新设备也进行了收集整理，作为其他“四新”技术列出，希望能够对绿色建造技术的发展有所裨益。

4.2 绿色建造技术发展主题

4.2.1 装配式建造技术

【扫码演示】

装配式建造是建筑工程建造的重要技术途径，在绿色建造方面具有巨大优势。

装配式建筑是指把传统建造方式中的大量现场作业工作转移到工厂进行，在工厂加工制作好建筑用构件和配件（如楼板、墙板、楼梯、阳台等），运输到建筑施工现场，通过可靠的连接方式在现场装配安装而成的建筑。

装配式建筑主要包括预制装配式混凝土结构、钢结构、现代木结构建筑等，因为采用标准化设计、工厂化生产、装配化施工、一体化装修、信息化管理、智能化应用，大大提高了建筑工程的质量，是现代建筑工业化生产方式的代表。

4.2.1.1 装配式混凝土结构技术

(1) 装配式混凝土剪力墙结构技术

装配式混凝土剪力墙结构是指全部或部分采用预制墙板构件，通过可靠的连接方式后浇混凝土、水泥基灌浆料形成整体的混凝土剪力墙结构。这是近年来在我国应用最多、发展最快的装配式混凝土结构技术。

① 高层装配整体式剪力墙结构

该体系中，部分或全部剪力墙采用预制构件，预制剪力墙之间的竖向接缝一般位于结构边缘构件部位，该部位采用现浇方式与预制墙板形成整体，预制墙板的水平钢筋在后浇部位实现可靠连接或锚固；预制剪力墙水平接缝位于楼面标高处，水平接缝处钢筋可采用套筒灌浆连接、浆锚搭接连接或在底部预留后浇区内搭接连接的形式。在每层楼面处设置水平后浇带并配置连续纵向钢筋，在屋面处设置封闭后浇圈梁。采用叠合楼板及预制楼梯，预制或叠合阳台板。该结构体系主要用于高层住宅，整体受力性能与现浇剪力墙结构相当，按“等同现浇”设计原则进行设计。

② 多层装配式剪力墙结构

与高层装配整体式剪力墙结构相比，多层装配式剪力墙结构计算可采用弹性方法进行结构分析，并可按照结构实际情况建立分析模型，以建立适用于装配式建筑特点的计算与分析方法。在构造连接措施方面，边缘构件设置及水平接缝的连接均有所简化，并降低了剪力墙及边缘构件配筋率、配箍率要求，允许采用预制楼盖和干式连接的做法。

高层装配整体式剪力墙结构和多层装配式剪力墙结构的设计应符合国家现行标准《装配式混凝土结构技术规程》(JGJ 1)和《装配式混凝土建筑技术标准》(GB/T 51231)中的规定。两个标准中将装配整体式剪力墙结构的最大适用高度相比现浇结构适当降低，装配整体式剪力墙结构的高宽比限值与现浇结构基本一致。

作为混凝土结构的其中一种类型，装配式混凝土剪力墙结构在设计和施工中应该符合现行国家标准《混凝土结构设计标准》(GB/T 50010)、《混凝土结构工程施工规范》(GB 50666)、《混凝土结构工程施工质量验收规范》(GB 50204)中各项基本规定；若房屋层数为10层及10层以上或者高度大于28 m，还应该参照《高层建筑混凝土结构技术规程》(JGJ 3)中关于剪力墙结构的一般性规定。

【工程案例】(图4.1、图4.2)。

图 4.1　装配式混凝土剪力墙结构工程(一)

图 4.2　装配式混凝土剪力墙结构工程(二)

(2) 装配式混凝土框架结构技术

装配式混凝土框架结构包括装配整体式混凝土框架结构及其他装配式混凝土框架结构。装配整体式混凝土框架结构是指全部或部分框架梁、柱采用预制构件通过可靠的连接方式装配而成,连接节点处采用现场后浇混凝土、水泥基灌浆料等将构件连成整体的混凝土结构。其他装配式混凝土框架结构主要指各类干式连接的框架结构,主要与剪力墙、抗震支撑等配合使用。

装配整体式框架结构可采用与现浇混凝土框架结构相同的方法进行结构分析,其承载力极限状态及正常使用极限状态的作用效应可采用弹性分析方法。在结构内力与位移计算时,对现浇楼盖和叠合楼盖,均可假定楼盖在其平面为无限刚性。装配整体式框架结构构件和节点的设计均可按与现浇混凝土框架结构相同的方法进行,此外,尚应对叠合梁端竖向接缝、预制柱柱底水平接缝部位进行受剪承载力验算,并进行预制构件在偶然设计状况下的验算。装配整体式框架结构中,应通过合理的结构布置,避免预制柱的水平接缝出现拉力。

装配整体式框架主要包括框架节点后浇和框架节点预制两大类:前者的预制构件在梁、柱节点处通过后浇混凝土连接,预制构件为一字形;而后者的连接节点位于框架柱、框架梁中部,预制构件有十字形、T 形、一字形等并包含节点。由于预制框架节点制作、运输、现场安装难度较大,现阶段工程较少采用。

在进行装配整体式框架结构连接节点设计时,应合理确定梁和柱的截面尺寸以及钢筋的数量、间距及位置等,钢筋的锚固与连接应符合国家现行标准相关规定,并应考虑构件钢筋的碰撞问题以及构件的安装顺序,确保装配式结构的易施工性。装配整体式框架结构中,预制柱的纵向钢筋可采用套筒灌浆、机械冷挤压等连接方式。当梁、柱节点现浇时,叠合框架梁纵向受力钢筋应伸入后浇节点区锚固或连接,其下部的纵向受力钢筋也可伸至节点区外的后浇段内进行连接。当叠合框架梁采用对接连接时,梁下部纵向钢筋在后浇段内宜采用机械连接、套筒灌浆连接或焊接连接等连接形式。叠合框架梁的箍筋可采用整体封闭箍筋或组合封闭箍筋形式。

装配式框架结构的构件及结构的安全性与质量应满足国家现行标准《装配式混凝土结构技术规程》(JGJ 1)、《装配式混凝土建筑技术标准》(GB/T 51231)、《混凝土结构设计标准》(GB/T 50010)、《混凝土结构工程施工规范》(GB 50666)、《混凝土结构工程施工质量验收规范》(GB 50204)以及《预制预应力混凝土装配整体式框架结构技术规程》(JGJ 224)等的有关规定。当采用钢筋机械连接技术时,应符合现行行业标准《钢筋机械连接技术规程》(JGJ 107)的规定;当采用钢筋套筒灌浆连接技术时,应符合现行行业标准《钢筋套筒灌浆连接应用技术规程》(JGJ 355)的规定;当钢筋采用锚固板的方式锚固时,应符合现行行业标准《钢筋锚固板应用技术规程》(JGJ 256)的规定。

【工程案例】(图 4.3、图 4.4)。

图 4.3　装配式混凝土框架结构工程(一)

图 4.4　装配式混凝土框架结构工程(二)

(3) 混凝土叠合楼板技术

混凝土叠合楼板技术是指将楼板沿厚度方向分成两部分,底部是预制底板,上部后浇混凝土叠合层。配置底部钢筋的预制底板作为楼板的一部分,在施工阶段作为后浇混凝土叠合层的模板承受荷载,与后浇混凝土层形成整体的叠合混凝土构件。

混凝土叠合楼板按具体受力状态,分为单向受力和双向受力叠合板;预制底板按有无外伸钢筋可分为“有胡子筋”和“无胡子筋”;拼缝按照连接方式可分为分离式接缝(即底板间不拉开的“密拼”)和整体式接缝(底板间有后浇混凝土带)。

预制底板按照受力钢筋种类可以分为预制混凝土底板和预制预应力混凝土底板:预制混凝土底板采用非预应力钢筋时,为增强刚度,目前多采用桁架钢筋混凝土底板;预制预应力混凝土底板可为预应力混凝土平板、预应力混凝土带肋板、预应力混凝土空心板。

跨度大于 3 m、小于 6 m 时预制底板宜采用桁架钢筋混凝土底板或预应力混凝土平板,跨度大于 6 m 时预制底板宜采用预应力混凝土带肋底板、预应力混凝土空心板。叠合楼板厚度大于 180 mm 时宜采用预应力混凝土空心叠合板。

保证叠合面上下两侧混凝土共同承载、协调受力是预制混凝土叠合楼板设计的关键,一般通过叠合面的粗糙度以及界面抗剪构造钢筋实现。

施工阶段是否设置可靠支撑决定了叠合板的设计计算方法。设置可靠支撑的叠合板，预制构件在后浇混凝土重量及施工荷载下，不至于发生影响内力的变形，按整体受弯构件设计计算；设置无支撑的叠合板，二次成形浇筑混凝土的重量及施工荷载影响了构件的内力和变形，应按二阶段受力的叠合构件进行设计计算。

预制混凝土叠合楼板的设计及构造要求应符合国家现行标准《混凝土结构设计标准》(GB/T 50010)、《装配式混凝土结构技术规程》(JGJ 1)、《装配式混凝土建筑技术标准》(GB/T 51231)的相关要求；预制底板制作、施工及临时设计状况设计应符合《混凝土结构工程施工规范》(GB 50066)的相关要求；施工验收应符合《混凝土结构工程施工质量验收规范》(GB 50204)的相关要求。相关国家建筑标准设计图集包括《桁架钢筋混凝土叠合板(60 mm 厚底板)》(15G366—1)、《预制带肋底板混凝土叠合楼板》(14G443)、《预应力混凝土叠合板(50 mm、60 mm 实心板)》(06SG439—1)。

预制混凝土底板的混凝土强度等级不宜低于 C30；预制预应力混凝土底板的混凝土强度等级不宜低于 C40，且不应低于 C30；后浇混凝土叠合层的混凝土强度等级不宜低于 C25。预制底板厚度不宜小于 60 mm，后浇混凝土叠合层厚度不应小于 60 mm。预制底板和后浇混凝土叠合层之间的结合面应设置粗糙面，其面积不宜小于结合面的 80%，凹凸深度不应小于 4 mm；设置桁架钢筋的预制底板，设置自然粗糙面即可。预制底板跨度大于 4 m，或用于悬挑板及相邻悬挑板上部纵向钢筋在悬挑层内锚固时，应设置桁架钢筋或其他形式的抗剪构造钢筋。预制底板采用预制预应力底板时，应采取控制反拱的可靠措施。

【工程案例】(图 4.5)。

图 4.5　预制混凝土叠合板

（4）预制混凝土外墙挂板技术

预制混凝土外墙挂板是指安装在主体结构上，起围护、装饰作用的非承重预制混凝土外墙板，简称外墙挂板。外墙挂板按构件构造可分为钢筋混凝土外墙挂板、预应力混凝土外墙挂板两种形式；按与主体结构连接节点构造可分为点支承连接、线支承连接两种形式；按保温形式可分为无保温、外保温、夹心保温三种形式；按建筑外墙功能定位可分为围护墙板和装饰墙板两种形式。各类外墙挂板可根据工程需要与外装饰、保温、门窗结合形成一体化预制墙板系统。

预制混凝土外墙可采用面砖饰面、石材饰面、彩色混凝土饰面、清水混凝土饰面、露骨料混凝土饰面及表面带装饰图案的混凝土饰面等类型的外墙挂板，可使建筑外墙具有独特的表现力。

预制混凝土外墙挂板在工厂采用工业化方式生产，具有施工速度快、质量好、维修费用低的优点，主要包括预制混凝土外墙挂板（建筑和结构）设计技术、预制混凝土外墙挂板加工制作技术和预制混凝土外墙挂板安装施工技术。

支承预制混凝土外墙挂板的结构构件应具有足够的承载力和刚度。民用外墙挂板仅限跨越一个层高和一个开间，厚度不宜小于 100 mm，混凝土强度等级不低于 C25，主要技术指标如下：结构性能应满足现行国家标准《混凝土结构设计标准》（GB/T 50010）和《混凝土结构工程施工质量验收规范》（GB 50204）要求；装饰性能应满足现行国家标准《建筑装饰装修工程质量验收标准》（GB 50210）要求；保温隔热性能应满足设计及现行行业标准《严寒和寒冷地区居住建筑节能设计标准》（JGJ 26）要求；抗震性能应满足现行国家标准《装配式混凝土结构技术规程》（JGJ 1）、《装配式混凝土建筑技术标准》（GB/T 51231）要求。与主体结构采用柔性节点连接，地震时适应结构层间位移性能好，抗震性能满足抗震设防烈度为 8 度的地区应用要求。构件燃烧性能及耐火极限应满足现行国家标准《建筑设计防火规范》（GB 50016）的要求。作为建筑围护结构，产品定位应与主体结构的耐久性要求一致，即不应低于 50 年设计使用年限，饰面装饰（涂料除外）及预埋件、连接件等配套材料耐久性设计使用年限不低于 50 年，其他如防水材料、涂料等应采用 10 年以上质保期的材料，并定期进行维护更换。

【工程案例】（图 4.6 至图 4.8）。

图 4.6　预制混凝土外挂墙板（一）

图 4.7　预制混凝土外挂墙板（二）

图 4.8　预制混凝土外挂墙板(三)

(5) 夹心保温墙板技术

三明治夹心保温墙板(简称“夹心保温墙板”)是指把保温材料夹在两层混凝土墙板(内叶墙、外叶墙)之间形成的复合墙板,可达到增强外墙保温节能性能、减小外墙火灾危险、提高墙板保温寿命从而减少外墙维护费用的目的。夹心保温墙板一般由内叶墙、保温板、拉接件和外叶墙组成,形成类似于三明治的构造形式,内叶墙和外叶墙一般为钢筋混凝土材料,保温板一般为 B1 或 B2 级有机保温材料,拉接件一般为 FRP 高强复合材料或不锈钢材质。夹心保温墙板可广泛应用于预制墙板或现浇墙体中,预制混凝土外墙更便于采用夹心保温墙板技术。

根据夹心保温外墙的受力特点,可分为非组合夹心保温外墙、组合夹心保温外墙和部分组合夹心保温外墙。其中非组合夹心保温外墙内外叶混凝土受力相互独立,易于计算和设计,可适用于各种高层建筑的剪力墙和围护墙;组合夹心保温外墙的内外叶混凝土需要共同受力,一般只适用于单层建筑的承重外墙或作为围护墙;部分组合夹心保温外墙的受力介于组合和非组合之间,非常复杂,计算和设计难度较大,其应用方法及范围有待进一步研究。

非组合夹心墙板一般由内叶墙承受所有的荷载作用,外叶墙起到保温材料的保护层作用,两层混凝土之间可以产生微小的相互滑移,保温拉接件对外叶墙的平面内变形约束较小,可以释放外叶墙在温差作用下产生的温度应力,从而避免外叶墙在温度作用下产生开裂,使得外叶墙、保温板与内叶墙和结构同寿命。我国装配式混凝土结构预制外墙主要采用的是非组合夹心墙板。

夹心保温墙板中的保温拉接件布置应综合考虑墙板生产、施工和正常使用工况下的受力安全和变形影响。夹心保温墙板的设计应该与建筑结构同寿命,墙板中的保温拉接件应具有足够的承载力和变形性能。非组合夹心墙板应遵循“外叶墙混凝土在温差变化作用下能够释放温度应力,与内叶墙之间能够形成微小的自由滑移”的设计原则。对于非组合夹心保温外墙的拉接件,在与混凝土共同工作时,承载力安全系数应满足以下要求:对于抗震设防烈度为 7 度、8 度地区,考虑地震组合时承载力安全系数不小于 3.0,不考虑地震组合时承载力安全系数不小于 4.0;对于 9 度及以上地区,必须考虑地震组合,承载力安全系数不小于 3.0。非组合夹心保温墙板的外叶墙在自重作用下的垂直位移应控制在一定范围内,内、外叶墙之间不得有穿过保温层的混凝土连通桥。夹心保温墙板的热工性能应满足节能技术要求。拉结件本身应满足力学、锚固及耐久等性能要求,拉结件的产品与设计应用应符合国家现行有关标准的规定。

【工程案例】(图 4.9)。

图 4.9 夹心保温墙板

(6) 叠合剪力墙结构技术

叠合剪力墙结构是指采用两层带格构钢筋(桁架钢筋)的预制墙板,现场安装就位后,在两层板中间浇筑混凝土,辅以必要的现浇混凝土剪力墙、边缘构件、楼板,共同形成的叠合剪力墙结构。在工厂生产预制构件时,设置桁架钢筋,既可作为吊点,又增加了平面外刚度,防止起吊时开裂。在使用阶段,桁架钢筋作为连接墙板的两层预制片与二次浇筑夹芯混凝土之间的拉接筋,可提高结构整体性能和抗剪性能。同时,这种连接方式区别于其他装配式结构体系,板与板之间无拼缝,无须做拼缝处理,防水性好。

利用信息技术,将叠合式墙板和叠合式楼板的生产图纸转化为数据格式文件,直接传输到工厂主控系统读取相关数据,并通过全自动流水线,辅以机械支模手进行构件生产,所需人工少,生产效率高,构件精度可达毫米级。同时,构件形状可自由变化,在一定程度上解决了“模数化限制”的问题,突破了个性化设计与工业化生产之间的矛盾。

叠合剪力墙结构采用与现浇剪力墙结构相同的方法进行结构分析与设计,其主要力学技术指标与现浇混凝土结构相同,但当同一层内既有预制构件又有现浇抗侧力构件时,地震设计状况下宜对现浇水平抗侧力构件在地震作用下的弯矩和剪力乘以不小于1.1 的增大系数。高层叠合剪力墙结构其建筑高度、规则性、结构类型应满足《装配式混凝土建筑技术标准》(GB/T 51231)等现行国家、行业规范标准的要求。

叠合剪力墙结构与构件的设计应满足现行国家标准《建筑结构荷载规范》(GB 50009)、《建筑抗震设计标准》(GB/T 50011)、《混凝土结构设计标准》(GB/T 50010)和《装配式混凝土建筑技术标准》(GB/T 51231)等的要求。

【工程案例】(图 4.10)。

图 4.10 叠合剪力墙

(7) 预制预应力混凝土构件技术

预制预应力混凝土构件是指通过工厂生产并采用先张预应力技术的各类水平和竖向构件,其主要包括:预制预应力混凝土空心板、预制预应力混凝土双 T 板、预制预应力梁以及预制预应力墙板等。各类预制预应力水平构件可形成装配式或装配整体式楼盖,空心板、双 T 板可不设后浇混凝土层,也可根据使用要求与结构受力要求设置后浇混凝土层。预制预应力梁可为叠合梁,也可为非叠合梁。预制预应力墙板可应用于各类公共建筑与工业建筑中。

预制预应力混凝土构件的优势在于采用高强预应力钢丝、钢绞线,可以节约钢筋和混凝土用量,并降低楼盖结构高度,施工阶段普遍不设支撑而节约支模费用,综合经济效益显著。预制预应力混凝土构件组成的楼盖具有承载能力大、整体性好、抗裂度高等优点,完全符合"四节一环保"的绿色施工标准,以及建筑工业化的发展要求。预制预应力技术可增加墙板的长度,有利于实现多层一墙板。

预应力混凝土空心板的标准宽度为 1.2 m,也有 0.6 m、0.9 m 等其他宽度;标准板厚为 100 mm、120 mm、150 mm、180 mm、200 mm、250 mm、300 mm、380 mm 等,不同截面高度能够满足的板轴跨度为 3~18 m。

预应力混凝土双 T 板包括双 T 坡板和双 T 平板。坡板的标准宽度为 2.4 m、3.0 m 等，坡板的标准跨度为 9 m、12 m、15 m、18 m、21 m、24 m 等；平板的标准宽度为 2.0 m、2.4 m、3.0 m 等，平板的标准跨度为 9 m、12 m、15 m、18 m、21 m、24 m 等。预应力混凝土梁跨度根据工程实际确定，在工业建筑中多为 6 m、7.5 m、9 m。预应力混凝土墙板多为固定宽度(1.5 m、2.0 m、3.0 m 等)，长度根据柱距或层高确定。根据工程需要，也可采用非标跨度、宽度的构件，采用单独设计的方法即可。

预制预应力混凝土板的生产、安装、施工应满足国家、行业现行《混凝土结构设计标准》(GB/T 50010)、《混凝土结构工程施工质量验收规范》(GB 50204)、《装配式混凝土结构技术规程》(JGJ 1)的有关规定。工程应用可执行《预应力混凝土圆孔板》(SG435—1～2)、《SP 预应力空心板》(05SG408)、《大跨度预应力空心板(跨度 4.2 m 至 18.0 m)》(13G440)等国家建筑标准设计图集，可直接选用预制构件，也可根据工程情况单独设计。

【工程案例】(图 4.11 至图 4.14)。

图 4.11　预制预应力混凝土空心板(一)

图 4.12　预制预应力混凝土空心板(二)

图 4.13　预制预应力混凝土双 T 板(一)

图 4.14　预制预应力混凝土双 T 板(二)

（8）钢筋套筒灌浆连接技术

钢筋套筒灌浆连接技术是指带肋钢筋插入内腔为凹凸表面的灌浆套筒，然后向套筒与钢筋的间隙灌注专用高强水泥基灌浆料，灌浆料凝固后将钢筋锚固在套筒内实现预制构件的一种钢筋连接技术。该技术将灌浆套筒预埋在混凝土构件内，在安装现场从预制构件外通过注浆管将灌浆料注入套筒，来完成预制构件钢筋的连接，是预制构件中受力钢筋连接的主要形式，主要用于各种装配整体式混凝土结构的受力钢筋连接。

钢筋套筒灌浆连接接头由钢筋、灌浆套筒、灌浆料三部分组成，其中灌浆套筒分为半灌浆套筒和全灌浆套筒，半灌浆套筒连接的接头一端为灌浆连接，另一端为机械连接。

钢筋套筒灌浆连接施工流程主要包括：预制构件在工厂完成套筒与钢筋的连接、套筒在模板上的安装固定和进出浆管道与套筒的连接，在建筑施工现场完成构件安装、灌浆腔密封、灌浆料加水拌和及套筒灌浆。

竖向预制构件的受力钢筋连接可采用半灌浆套筒或全灌浆套筒。构件宜采用连通腔灌浆方式，并应合理划分连通腔区域。构件也可采用单个套筒独立灌浆，构件就位前水平缝处应设置坐浆层。套筒灌浆连接应采用经接头型式检验确认的与套筒相匹配的灌浆料，使用与材料工艺配套的灌浆设备，以压力灌浆方式将灌浆料从套筒下方的注浆孔灌入，从套筒上方的出浆孔流出，及时封堵进出浆孔，确保套筒内有效连接部位的灌浆料填充密实。

水平预制构件纵向受力钢筋在现浇带处连接可采用全灌浆套筒连接。套筒安装到位后，套筒注浆孔和出浆孔应位于套筒上方，使用单套筒灌浆专用工具或设备进行压力灌浆，灌浆料从套筒一端注浆孔注入，从另一端出浆孔流出后，注浆、出浆孔接头内灌浆料浆面均应高于套筒外表面最高点。

套筒灌浆施工后，灌浆料同条件养护试件的抗压强度达到 35 MPa 后，方可进行对接头有扰动的后续施工。

钢筋套筒灌浆连接技术的应用须满足国家、行业现行《装配式混凝土技术规程》（JGJ 1）、《钢筋套筒灌浆连接应用技术规程》（JGJ 355）和《装配式混凝土建筑技术标准》（GB/T 51231）的相关规定。钢筋套筒灌浆连接的传力机理比传统机械连接更复杂，《钢筋套筒灌浆连接应用技术规程》（JGJ 355）对钢筋套筒灌浆连接接头性能、型式检验、工艺检验、施工与验收等进行了专门要求。

灌浆套筒按加工方式分为铸造灌浆套筒和机械加工灌浆套筒。铸造灌浆套筒宜选用球墨铸铁，机械加工灌浆套筒宜选用优质碳素结构钢、低合金高强度结构钢、合金结构钢，或其他经过接头型式检验确定符合要求的钢材。

灌浆套筒的设计、生产和制造应符合现行行业标准《钢筋连接用灌浆套筒》（JG/T 398）的相关规定，专用水泥基灌浆料应符合现行行业标准《钢筋连接用套筒灌浆料》（JG/T 408）的各项要求。当采用其他材料的灌浆套筒时，套筒性能指标应符合有关产品标准的规定。

套筒材料主要性能指标：球墨铸铁灌浆套筒的抗拉强度不小于 550 MPa，断后伸长率不小于 5 %，球化率不小于 85 %；各类钢制灌浆套筒的抗拉强度不小于 600 MPa，屈服强度不小于 355 MPa，断后伸长率不小于 16 %；其他材料套筒符合有关产品的标准要求。

灌浆料主要性能指标：初始流动度不小于 300 mm，30 min 流动度不小于 260 mm，1 d 抗压强度不小于 35 MPa，28 d 抗压强度不小于 85 MPa。

套筒材料在满足断后伸长率等指标要求的情况下，可采用抗拉强度超过 600 MPa（如 900 MPa、1000 MPa）的材料，以减小套筒壁厚和外径尺寸，也可根据生产工艺采用其他强度的钢材。

灌浆料在满足流动度等指标要求的情况下，可采用抗压强度超过 85 MPa（如 110 MPa、130 MPa）的材料，以便于连接大直径钢筋、高强钢筋和缩短灌浆套筒长度。

【扫码演示】

【工程案例】（图 4.15、图 4.16）。

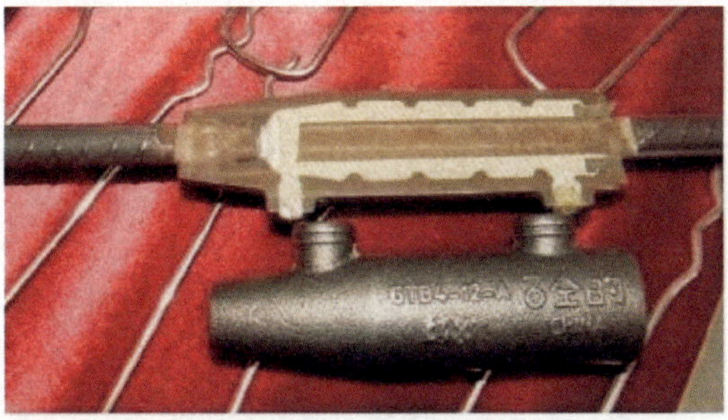

图 4.15　半灌浆套筒

图 4.16　灌浆套筒施工

（9）装配式混凝土结构建筑信息模型应用技术

利用 BIM（建筑信息模型）技术，实现装配式混凝土结构的设计、生产、运输、装配、运维的信息交互和共享，实现装配式建筑全过程一体化协同工作。应用 BIM 技术，装配式建筑、结构、机电、装饰装修全专业协同设计，实现建筑、结构、机电、装饰装修一体化；设计 BIM 模型直接对接生产、施工，实现设计、生产、施工一体化。

BIM 技术指标主要有支撑全过程 BIM 平台技术、设计阶段模型精度、各类型部品部件参数化程度、构件标准化程度、设计直接对接工厂生产系统 CAM 技术，以及基于 BIM 和物联网技术的装配式施工现场信息管理平台技术。装配式混凝土结构设计应符合国家、行业现行《装配式混凝土建筑技术标准》（GB/T 51231）、《装配式混凝土结构技术规程》（JGJ 1）和《混凝土结构设计标准》（GB/T 50010）等的有关要求，也可选用《预制混凝土剪力墙外墙板》（15G365—1）、《预制钢筋混凝土阳台板、空调板及女儿墙》（15G368—1）等国家建筑标准设计图集。

除上述各项规定外，针对 BIM 技术的特点，在装配式建筑全过程 BIM 技术应用中，还应注意以下关键技术内容：搭建模型时，应采用统一标准格式的各类型构件文件，且各类型构件文件应按照固定、规范的插入方式，放置在模型的合理位置。预制构件出图排版阶段，应结合构件类型和尺寸，按照相关图集要求进行图纸排版、尺寸标注、辅助线段和文字说明，采用统一标准格式，并满足现行国家标准《建筑制图标准》(GB/T 50104)和《建筑结构制图标准》(GB/T 50105)的要求。预制构件生产，应设计 BIM 模型，采用“BIM＋MES＋CAM”技术，实现工厂自动化钢筋生产、构件加工；应用二维码技术、RFID 芯片等可靠识别与管理技术，结合工厂生产管理系统，实现可追溯的全过程质量管控；应用“BIM＋物联网＋GPS”技术，进行装配式预制构件运输过程追溯管理、施工现场可视化指导堆放及吊装等，实现装配式建筑可视化施工现场信息管理。

【工程案例】(图 4.17 至图 4.21)。

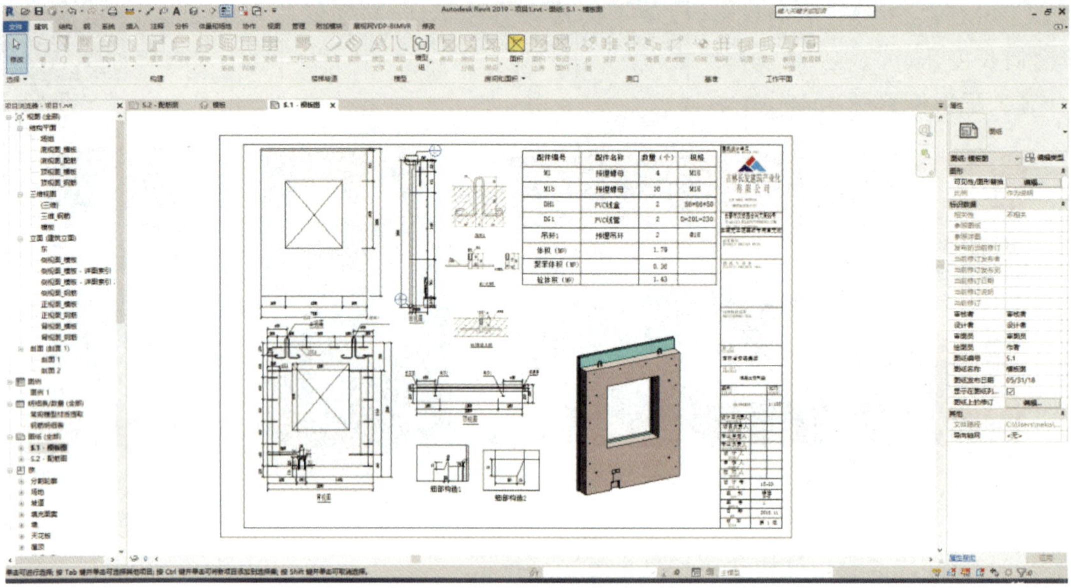

图 4.17 BIM 构件库(一)

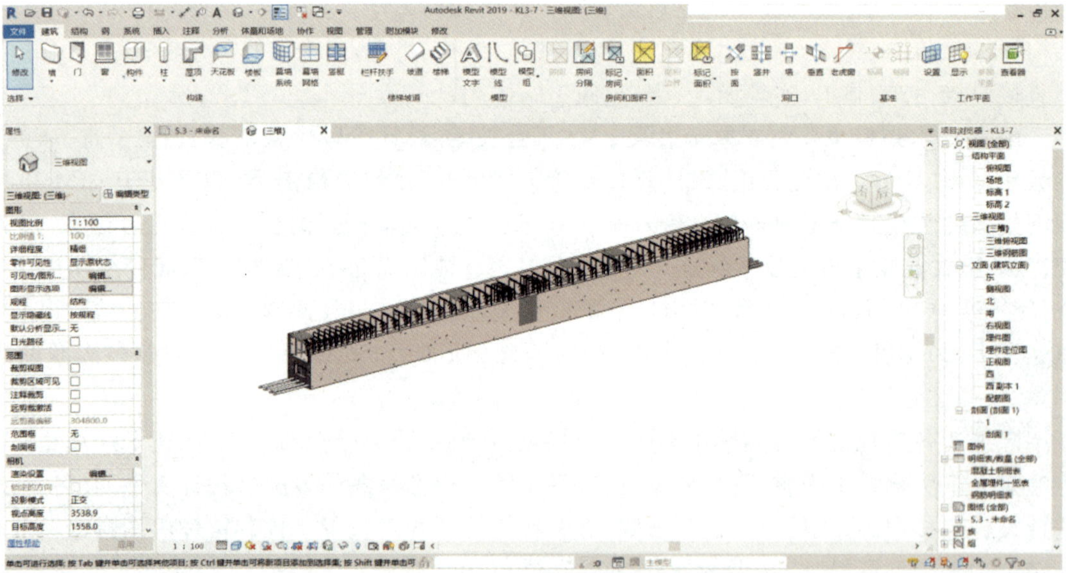

图 4.18 BIM 构件库(二)

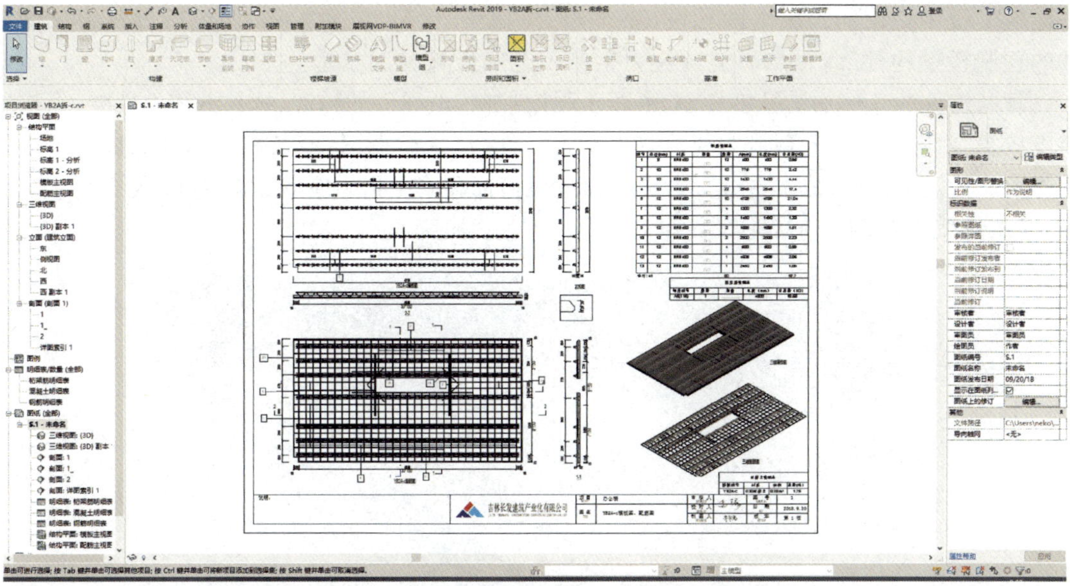

图 4.19 BIM 构件库(三)

图 4.20 吊装工序模拟

图 4.21 措施方案设计

(10) 预制构件工厂化生产加工技术

预制构件工厂化生产加工技术，是指采用自动化流水线、机组流水线、长线台座生产线生产标准定型预制构件并兼顾异型预制构件，采用固定台模生产线生产房屋建筑预制构件，满足预制构件的批量生产加工和集中供应要求的技术。

工厂化生产加工技术包括预制构件工厂规划设计、各类预制构件生产工艺设计、预制构件模具方案设计及其加工技术、钢筋制品机械化加工和成型技术、预制构件机械化成型技术、预制构件节能养护技术以及预制构件生产质量控制技术。

非预应力混凝土预制构件生产技术涵盖混凝土技术、钢筋技术、模具技术、预留预埋技术、浇筑成型技术、构件养护技术，以及吊运、存储和运输技术等，代表构件有桁架钢筋预制板、梁柱构件、剪力墙板构件等。

预应力混凝土预制构件生产技术还涵盖先张法和后张法黏结预制构件的生产技术，除了建筑工程中使用的预应力圆孔板、双 T 板、屋面梁、屋架、屋面板等，还包括市政和公路领域的预制桥梁构件等，重点研究预应力生产工艺和质量控制技术。

预制构件的几何加工精度控制、混凝土强度控制、预埋件的精度、构件承载力性能、保护层厚度控制、预应力构件的预应力要求等应符合设计（包括标准图集）及有关标准的规定。预制构件生产的效率指标、成本指标、能耗指标、环境指标和安全指标应满足有关要求。

【工程案例】（图 4.22 至图 4.24）。

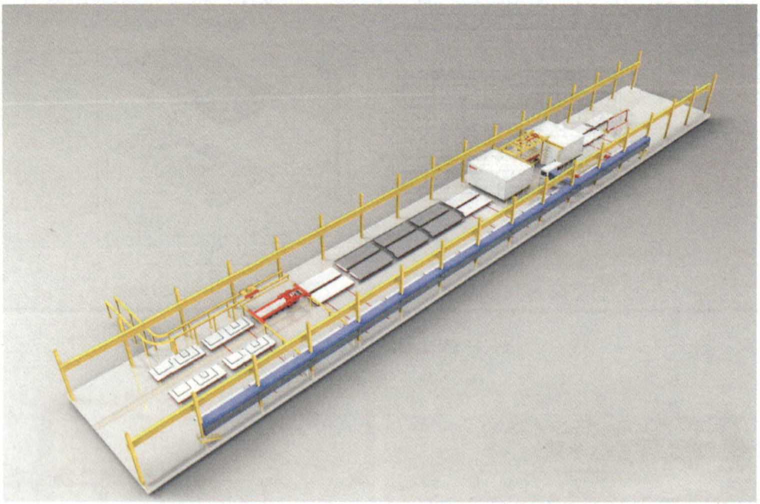

图 4.22　装配式混凝土构件自动化生产线

图 4.23　生产线局部

图 4.24　生产线混凝土浇筑工位

4.2.1.2 装配式钢结构技术

装配式钢结构建筑(Assembled Building with Steel-structure)是指建筑的结构系统由钢(构)件构成的装配式建筑。

钢结构是天然的装配式结构,但并非所有的钢结构建筑均是装配式建筑,必须是钢结构、围护系统、设备与管线系统和内装系统的主要部分采用部品部件集成的建筑,才是装配式钢结构建筑。

装配式钢结构建筑主要包括钢框架结构体系、钢框架-支撑结构体系、钢框架-延性墙板结构体系、筒体结构体系、巨型结构体系、交错桁架结构体系、门式刚架结构体系、低层冷弯薄壁型钢结构体系等。除此之外,还包括部分高校和企业研发的钢管束混凝土剪力墙结构体系、方钢管组合异形柱结构体系、约束混凝土柱组合梁框架-钢支撑结构体系、自复位装配式钢结构体系等。

(1) 装配式钢结构的优点

① 没有现场现浇节点,安装速度更快,施工质量更容易得到保证;

② 钢结构是延性材料,具有更好的抗震性能;

③ 相对于混凝土结构,钢结构自重更轻,基础造价更低;

④ 钢结构是可回收材料,更加绿色环保;

⑤ 精心设计的装配式钢结构建筑,比装配式混凝土建筑具有更好的经济性;

⑥ 梁柱截面更小,可获得更多的使用面积。

(2) 装配式钢结构的缺点

① 相对于装配式混凝土结构,外墙体系与传统建筑存在差别,较为复杂;

② 如果处理不当或者经验不足,防火和防腐问题需要引起重视;

③ 如设计不当,钢结构比传统混凝土结构造价更高,但相对装配式混凝土建筑而言仍然具有一定的经济性。

【工程案例】(图 4.25 至图 4.29)。

上海金茂大厦:框筒结构体系,核心筒为现浇钢筋混凝土结构,外框为钢结构与混凝土结构复合,是钢结构与混凝土结构复合建造超高层建筑的典范。

上海环球金融中心:内部为钢筋混凝土结构(SRC 结构)、外围为巨型桁架钢结构(S 结构)。巨型结构支撑采用钢管混凝土,这样可以增大构件的刚度、延性,还有增加阻尼。采用混凝土填充还有一个好处就是在结构的顶部一般钢管比较薄,混凝土填充可以增加钢管的抗屈曲性能。

国家体育场(鸟巢):钢筋混凝土框剪结构和弯扭构件钢结构。

国家大剧院:框架-剪力墙混凝土壳体钢结构,外部结构为椭球形双层钢网壳结构。

图 4.25　上海金茂大厦

图 4.26　上海环球金融中心

图 4.27　国家体育场(鸟巢)

图 4.28　国家大剧院

汉京中心大厦:62 层最高的纯钢结构超高层建筑,世界最高核心筒外置+全钢结构建筑结构体系,总用钢量 5.5 万吨。其中,主塔楼为巨型框架支撑结构,采用 30 根方管巨柱作为竖向主体支撑,框架柱间采用斜向撑杆和钢梁连接作为塔楼抗侧力体系,形成带支撑的钢框架结构;裙楼为纯钢结构,采用钢框架结构,楼层西侧为悬挑结构,其外框由复杂桁架构成。

图 4.29　汉京中心大厦

4.2.1.3　装配式木结构技术

现代木结构建筑是在建筑的全生命周期内，能最大限度地节约资源、保护环境和减少污染，为人们提供健康、适用和高效的使用空间，是与自然和谐共生的建筑。现代木结构可以分为轻型木结构和重型木结构。此两种类型的结构具有较大区别，所采用的结构类型取决于建筑物的大小和用途。建筑物通常按住户数、建筑物高度和面积进行分类，木结构最常见的运用是在房屋建造中，包括从独户木屋到 3～5 层的现代化房屋(可作住宅、商业设施、工业设施使用)。

(1) 井干式木结构体系

井干式木结构体系(木刻楞)采用原木、方木或胶合原木等实体木料，逐层累叠、纵横叠垛而构成。该结构体系的特点是连接部位采用榫卯切口相互咬合、木材加工量大、木材利用率不高等。该体系在国内外均有应用，一般在森林资源比较丰富的国家或地区比较常见，如我国东北地区就大量采用该结构形式。

(2) 轻型木结构体系

轻型木结构体系是由规格材、木基结构板材及石膏板等制作而成的木构架墙体、楼板和屋盖系统构成的单层或多层建筑结构。该结构体系具有安全可靠、保温节能、设计灵活、建造快速、建造成本低等特点。该体系一般用于低层和多层住宅建筑和小型办公建筑等。

(3) 梁柱-剪力墙木结构体系

梁柱-剪力墙木结构体系是在胶合木框架中内嵌木剪力墙的一种结构体系，这种结构体系既改善了胶合木框架结构的抗侧力性能，又比剪力墙结构具有更高的性价比和灵活性。该体系可用于低层和多、高层木结构建筑。

(4) 梁柱-支撑木结构体系

梁柱-支撑木结构体系是在胶合木梁柱框架中设置(耗能)支撑的结构体系，该体系简洁、传力明确、用料经济、性价比较高。该体系可用于多、高层木结构建筑。

(5) CLT 剪力墙木结构体系

CLT 剪力墙木结构体系是以正交胶合木作为剪力墙的结构体系，以 CLT 木质墙体为主承受竖向荷载和水平荷载作用，保温节能、隔声及防火性能好，结构刚度较大，但用料不经济。该体系可用于多、高层木结构建筑。

(6) 框架-核心筒木结构体系

框架-核心筒木结构体系是以钢筋混凝土或 CLT 核心筒为主要抗侧力构件，加外围梁柱框架的结构形式。该体系特点为以核心筒为主要抗侧力构件，以木梁柱为主要竖向受力构件，结构体系分工明确，但需注意两种结构之间的协调性。该体系主要用于多、高层木结构建筑。

(7) 其他结构

现代木结构建筑结构体系还包括网架木结构、张弦结构、拱结构和桁架结构体系等。

(8) 现代木结构的连接类型

【扫码演示】

现代木结构连接主要有如下几种类型：钉连接、螺钉连接、螺栓连接、销连接、裂环与剪板连接、齿板连接和植筋连接等，其中前 4 类可统称为销轴类连接，也是现代木结构中最常见的连接形式。

【工程案例】 长春市全民健身中心游泳馆现代装配式木结构(见图 4.30)。

(a)　　(b)

图 4.30　长春市全民健身中心游泳馆

(a)外部；(b)内部

4.2.2 信息化建造技术

信息化建造技术是建筑业实现产业升级的重要方法，是实现绿色建造的必要手段和重要支撑。在工程建造过程中应充分利用信息资源，促使工程建造过程实现系统化管理、提高建造效率。应强化信息化建造技术的研究，加快实现智能建造，进而实现智慧建造。

对于建筑企业，信息化技术应用已经很广泛，如在建筑产品的生产过程中，包括施工机械的统一调配管理、现场施工的即时检测和自动化控制等应用。现在已有的计算机辅助设计(CAD)、建筑结构计算软件(PKPM)、计算机辅助制造(CAM)、工程造价管理系统、Project 概预算管理系统等软件的运用可以大大提高企业运行效率。

企业的信息化工具也从传统的电话、传真发展到一系列具有代表性的系统，如管理信息系统(MIS)、主管信息系统(EIS)、事务处理系统(TPS)等。同时，随着互联网的发展与广泛使用，建筑企业可以将一些应用系统与其连通，发展出一系列新的途径。建筑企业可以建立自己的企业网站，向外界展示企业的功能与服务。建筑企业的信息化将侧重于生产过程的检测控制与整个企业的内部管理。比如可以通过互联网的连接异地解决建筑产品生产过程中的技术难题，这就形成了一个虚拟的工作组，提供了一个交流讨论和协作的平台，建设的三方通过网络直接交流，大大提高了企业的工作效率。在企业的内部管理上现代化的信息技术有利于与企业各层次之间的磨合与交流，完成层与层之间的无障碍沟通。

4.2.2.1 基于 BIM 的现场施工管理信息技术

基于 BIM 的现场施工管理信息技术是指利用 BIM 技术，并借助移动互联网技术实现施工现场可视化、虚拟化的协同管理。在施工阶段，结合施工工艺及现场管理需求对设计阶段施工图模型进行信息添加、更新和完善，以得到满足施工需求的施工模型。依托标准化项目管理流程，结合移动应用技术，通过基于施工模型的深化设计，以及场地布置、施工组织、进度、材料、设备、质量、安全、竣工验收等管理应用，实现施工现场信息高效传递和实时共享，从而提高施工管理水平。

(1) 深化设计

基于施工 BIM 模型，结合施工操作规范与施工工艺，进行建筑、结构、机电设备等专业的综合碰撞检查，解决各专业碰撞问题，完成施工优化设计，完善施工模型，提升施工各专业的合理性、准确性和可校核性。

(2) 场地布置管理

基于施工 BIM 模型，对施工各阶段的场地地形、既有设施、周边环境、施工区域、临时道路及设施、加工区域、材料堆场、临水临电、施工机械、安全文明施工设施等进行规划布置和分析优化，以实现场地布置科学合理。

(3) 施工组织管理

基于施工 BIM 模型，结合施工工序、工艺等要求，进行施工过程的可视化模拟，并对方案进行分析和优化，提高方案审核的准确性，实现施工方案的可视化交底。

(4) 进度管理

基于施工 BIM 模型，通过计划进度模型(可以通过 Project 等相关软件编制进度文件生成进度模型)和实际进度模型的动态链接，进行计划进度和实际进度的对比，找出差异，分析原因，通过 BIM 4D 施工进度管理直观地实现对项目进度的虚拟控制与优化。

(5) 材料、设备管理

基于施工 BIM 模型，可动态分配各种施工资源和设备，并输出相应的材料、设备需求信息，并与材料、设备实际消耗信息进行对比，实现施工过程中材料、设备的有效控制。

(6) 质量、安全管理

基于施工 BIM 模型，对工程质量、安全关键控制点进行模拟仿真以及方案优化。利用移动设备对现场工程质量、安全进行检查与验收，实现质量、安全管理的动态跟踪与记录。

(7) 竣工验收管理

基于施工 BIM 模型，将竣工验收信息添加到模型，并按照竣工要求进行修正，进而形成竣工 BIM 模型，作为竣工资料的重要参考依据。

4.2.2.2 基于大数据的项目成本分析与控制信息技术

基于大数据的项目成本分析与控制信息技术，是利用项目成本管理信息化和大数据技术更科学和有效地提升工程项目成本管理水平和管控能力的技术。通过建立大数据分析模型，充分利用项目成本管理信息系统积累的海量业务数据，按业务板块、地区、重大工程等维度进行分类、汇总，对“工、料、机”等核心成本要素进行分析，挖掘出关键成本管控指标并利用其进行成本控制，从而实现工程项目成本管理的过程管控和风险预警。

(1) 项目成本管理信息化主要技术内容

① 项目成本管理信息化技术是要建设包含收入管理、成本管理、资金管理和报表分析等功能模块的项目成本管理信息系统。

② 收入管理模块应包括业主合同、验工计价、完成产值和变更索赔管理等功能，实现业主合同收入、验工收入、实际完成产值和变更索赔收入等数据的采集。

③ 成本管理模块应包括价格库、责任成本预算、劳务分包、专业分包、机械设备、物资管理、其他成本和现场经费管理等功能，具有按总控数量对“工、料、机”的业务发生数量进行限制，按各机构、片区和项目限价对“工、料、机”采购价格进行管控的能力，能够编制预算成本和采集劳务、物资、机械、现场、其他经费等实际成本数据。

④ 资金管理模块应包括债务支付集中审批、支付比例变更、财务凭证管理等功能，具有对项目部资金支付的金额和对象进行管控的能力，实现应付和实付资金数据的采集。

⑤ 报表分析模块应包括“工、料、机”等各类业务台账和常规业务报表，并具备对劳务、物资、机械和周转料的核算功能，能够实时反映施工项目的总体经营状态。

(2) 成本业务大数据分析技术的主要技术内容

① 建立项目成本关键指标关联分析模型。

② 实现对“工、料、机”等工程项目成本业务数据按业务板块、地理区域、组织架构和重

大工程项目等分类的汇总和对比分析,找出工程项目成本管理的薄弱环节。

③ 实现工程项目成本管理价格、数量、变更索赔等关键要素的趋势分析和预警。

④ 采用数据挖掘技术生成成本管理的“量、价、费”等关键指标,通过对关键指标的控制,实现成本的过程管控和风险预警。

⑤ 应具备与其他系统进行集成的能力。

4.2.2.3 基于云计算的电子商务采购技术

基于云计算的电子商务采购技术是指通过云计算技术与电子商务模式的结合,搭建基于云计算的电子商务采购平台,针对工程项目的采购寻源业务,统一采购资源,实现企业集约化、电子化采购,创新工程采购的商业模式。平台功能主要包括:采购计划管理、互联网采购寻源、材料电子商城、订单送货管理、供应商管理、采购数据中心等。通过平台应用,可聚合项目采购需求,优化采购流程,提高采购效率,降低工程采购成本,实现阳光采购,提高企业经济效益。

(1) 采购计划管理

系统可根据各项目提交的采购计划,实现自动统计和汇总,下发形成采购任务。

(2) 互联网采购寻源

采购方可通过聚合多项目采购需求,自动发布需求公告,并获取多家报价进行优选,供应商可进行在线报名响应。

(3) 材料电子商城

采购方可以针对项目大宗材料、设备进行分类查询,并直接下单。供应商可通过移动终端设备获取订单信息,进行供货。

(4) 订单送货管理

供应商可根据物资送货要求进行物流发货,并可以通过移动端记录物流情况。采购方可通过移动端实时查询到货情况。

(5) 供应商管理

提供合格供应商的审核和注册功能,并对企业基本信息、产品信息及价格信息进行维护。采购方可根据供货行为对供应商进行评价,形成供应商评价记录。

(6) 采购数据中心

提供材料设备基本信息库、市场价格信息库、供应商评价信息库等的查询服务。通过采购业务数据的积累,对以上各信息库进行实时自动更新。

4.2.2.4 基于互联网的项目多方协同管理技术

基于互联网的项目多方协同管理技术是以计算机支持协同工作(CSCW)理论为基础,以云计算、大数据、移动互联网和 BIM 等技术为支撑,构建的多方参与的协同工作信息化管理平台。通过工作任务协同管理、质量和安全协同管理、项目图档协同管理、项目成果物的在线移交和验收管理、在线沟通服务,解决项目图档混乱、数据管理标准不统一等问题,实现项目各参与方之间的信息共享、实时沟通,提高项目多方协同管理水平。

(1) 工作任务协同

在项目实施过程中,将总包方发布的任务清单及工作任务完成情况的统计分析结果实时分享给投资方、分包方、监理方等项目相关参与方,实现多方对项目施工任务的协同管理和实时监控。

(2) 质量和安全协同

通过该技术能够实现总包方对质量、安全的动态管理和限期整改问题自动提醒,同时利用大数据进行缺陷事件分析,通过订阅和推送的方式为多方提供服务。

(3) 项目图档协同

项目各参与方基于统一的平台进行图档审批、修订、分发、借阅,施工图纸文件与相应的 BIM 构件进行关联,实现可视化管理。对图档文件进行版本管理,项目相关人员通过移动终端设备可以随时随地查看最新的图档。

(4) 项目成果物的在线移交和验收

各参与方在项目设计、采购、实施、运营等阶段通过协同平台进行成果物的在线编辑、移交和验收,并自动归档。

(5) 在线沟通服务

利用即时通信工具,增强各参与方沟通能力。

4.2.2.5 基于移动互联网的项目动态管理信息技术

基于移动互联网的项目动态管理信息技术是指综合运用移动互联网技术、全球卫星定位技术、视频监控技术、计算机网络技术,对施工现场的设备调度、计划管理、安全质量管理、数据管理等环节进行信息即时采集、记录和共享,满足现场多方协同需要,通过数据的整合分析实现项目动态实时管理,规避项目过程中的各类风险。

(1) 设备调度

运用移动互联网技术,通过对施工现场车辆运行轨迹、频率、卸点位置、物料类别等信息的采集,完成路径优化,实现智能调度管理。

(2) 计划管理

根据施工现场的实际情况,对施工任务进行细化分解,并监控任务进度完成情况,实现工作任务合理在线分配及施工进度的控制与管理。

(3) 安全质量管理

利用移动终端设备,对质量、安全巡查中发现的质量问题和安全隐患进行影音数据采集和自动上传,整改通知、整改回复自动推送到责任人员,实现闭环管理。

(4) 数据管理

通过信息平台准确生成和汇总施工各阶段工程量、物资消耗等数据,实现数据自动归集、汇总、查询,为成本分析提供及时、准确的数据。

4.2.2.6 基于物联网的工程总承包项目物资全过程监管技术

基于物联网的工程总承包项目物资全过程监管技术,是指利用信息化手段建立从工厂到现场的“仓到仓”全链条一体化物资、物流、物管体系。通过手持终端设备和物联网技术，实现集装卸、运输、仓储等整个物流供应链信息的一体化管控，实现项目物资、物流、物管的高效、科学、规范的管理，解决传统模式下无法实时、准确地进行物流跟踪和动态分析的问题，从而提升工程总承包项目物资全过程监管水平。

建立工程总承包项目物资全过程监管平台，实现编码管理、终端扫描、报关审核、节点控制、现场信息监控等功能，同时支持单项目统计和多项目对比，为项目经理和决策者提供物资全过程监管支持。

(1) 编码管理

以合同 BOQ 清单为基础，采用统一编码标准，包括设备 KKS 编码、部套编码、物资编码、箱件编码、工厂编号及图号编码，并自动生成可供物联网设备扫描的条形码，实现业务快速流转，减少人为差错。

(2) 终端扫描

在各个运输环节，通过手持智能终端设备，对条形码进行扫码，并上传至工程总承包项目物资全过程监管平台，通过物联网数据的自动采集，实现集装卸、运输、仓储等整个物流供应链的信息共享。

(3) 报关审核

建立报关审核信息平台，完善企业物资海关编码库，适应新形势下海关无纸化报关要求，规避工程总承包项目物资货量大、发船批次多、清关延误等风险，保证各项出口物资的顺利通关。

(4) 节点控制

根据工程总承包计划设置物流运输时间控制节点，包括海外海运至发货港口、境内陆运至车站、报关通关、物资装船、海上运输、物资清关、陆地运输等，明确运输节点的起止时间，以便工程总承包项目物资全过程监管平台根据物联网扫码结果，动态分析偏差，随时进行预警。

(5) 现场信息监控

建立现场物资仓储平台，通过运输过程中物联网数据的更新，实时动态监管物资的发货、运输、集港、到货、验收等环节，以便现场合理安排项目进度计划，实现物资全过程闭环管理。

4.2.2.7 基于物联网的劳务管理信息技术

基于物联网的劳务管理信息技术是指利用物联网技术，集成各类智能终端设备对建设项目现场劳务工人实现高效管理的综合信息化系统。该系统能够实现实名制管理、考勤管理、安全教育管理、视频监控管理、工资监管、后勤管理以及基于业务的各类统计分析等，提高项目现场劳务用工管理能力、辅助提升政府对劳务用工的监管效率，保障劳务工人与企业利益。

(1) 实名制管理

实现劳务工人进场实名登记、基础信息采集、通行授权、黑名单鉴别、人员年龄管控、人员合同登记、职业证书登记以及人员退场管理等。

(2) 考勤管理

利用物联网终端门禁等设备，对劳务工人进出指定区域通行信息自动采集并统计考勤信息，能够对长期未进场人员进行授权自动失效和再次授权管理。

(3) 安全教育管理

能够记录劳务工人安全教育信息，在现场通行过程中对未参加安全教育的人员限制通过；可以利用手机等移动设备登记人员安全教育等信息，实现安全教育管理移动应用。

(4) 视频监控管理

能够对通行人员人像信息自动采集并与登记信息进行人工比对，及时查询采集记录；能实时监控各个通道的人员通行行为，并支持远程监控查看及视频监控资料存储。

(5) 工资监管

能够记录和存储劳务分包队伍中劳务工人工资发放信息，也能对接银行系统实现工资发放流水的监控，保障工资支付到位。

(6) 后勤管理

能够对劳务工人进行住宿分配管理，也能够实现一卡通在项目的消费应用。

(7) 统计分析

能基于过程记录的基础数据提供政府标准报表，实现劳务工人地域、年龄、工种、出勤数据等统计分析，同时能够提供企业需要的各类格式报表定制；利用手机等移动设备可以实现劳务工人信息查询、数据实时统计分析查询。

4.2.2.8 基于GIS和物联网的建筑垃圾监管技术

基于GIS和物联网的建筑垃圾监管技术是指高度集成射频识别(RFID)、车牌识别(VLPR)、卫星定位系统、地理信息系统(GIS)、移动通信等技术，针对施工现场建筑垃圾进行综合监管的信息平台。该平台通过对施工现场建筑垃圾的申报、识别、计量、运输、处置、结算、统计分析等环节的信息化管理，可为过程监管及环保政策研究提供详实的分析数据，有效推动建筑垃圾的规范化、系统化、智能化管理，全方位、多角度提升建筑垃圾管理的水平。

(1) 申报管理

实现建筑垃圾基本信息、排放量信息和运输信息等的网上申报。

(2) 识别、计量管理

利用摄像头对车载建筑垃圾进行抓拍，通过与建筑垃圾基本信息对比分析，实现建筑垃圾分类识别、称重计量，自动输出二维码标签。

(3) 运输监管

利用卫星定位系统和GIS技术实现对建筑垃圾运输的跟踪监控，确保按照申报条件中的运输路线进行运输。利用物联网传感器实现对垃圾车辆防护措施进行实时监控，确保运输途中不随意遗撒。

(4) 处置管理

利用摄像头对建筑垃圾倾倒过程进行监控，确保垃圾倾倒在指定地点。

(5) 结算管理

对应垃圾处理中心的垃圾分类，自动产生电子结算单据，确保按时结算，并能对结算情况进行查询。

(6) 统计分析管理

通过对建筑垃圾总量、分类总量、计划量的自动统计，与实际外运量进行对比分析，防止瞒报、漏报等现象。利用多项目历史数据进行大数据分析，找到相似类型项目建筑垃圾产生量的平均值，为后续项目的建筑垃圾管理提供参考。

4.2.2.9　基于智能化的装配式建筑产品生产与施工管理信息技术

基于智能化的装配式建筑产品生产与施工管理信息技术，是指在装配式建筑产品生产和施工过程中，应用BIM、物联网、云计算、工业互联网、移动互联网等信息化技术，实现装配式建筑的工厂化生产、装配化施工、信息化管理。通过对装配式建筑产品生产过程中的深化设计、材料管理、产品制造环节进行管控，以及对施工过程中的产品进场管理、现场堆场管理、施工预拼装管理环节进行管控，实现生产过程和施工过程的信息共享，确保生产环节的产品质量和施工环节的效率，提高装配式建筑产品生产和施工管理的水平。

建立协同工作机制，明确协同工作流程和成果交付内容，并建立与之相适应的生产、施工全过程管理信息平台，实现跨部门、跨阶段的信息共享。

(1) 深化设计

依据设计图纸结合生产制造要求建立深化设计模型，并将模型交付给制造环节。

(2) 材料管理

利用物联网条码技术对物料进行统一标识，通过对材料“收、发、存、领、用、退”全过程的管理，实现可视化的仓储堆垛管理和多维度的质量追溯管理。

(3) 产品制造

统一人员、工序、设备等编码，按产品类型建立自动化生产线，对设备进行联网管理，能按工艺参数执行制造工艺，并反馈生产状态，实现生产状态的可视化管理。

(4) 产品进场管理

利用物联网条码技术可实现产品质量的全过程追溯，可在BIM模型当中按产品批次查看产品进场进度，实现可视化管理。

(5) 现场堆场管理

利用物联网条码技术对产品进行统一标识，合理利用现场堆场空间，实现产品堆垛管理的可视化。

(6) 施工预拼装管理

利用BIM技术对产品进行预拼装模拟，减少并纠正拼装误差，提高装配效率。

【工程案例】(图4.31、图4.32)。

图4.31　信息化项目管理手机端

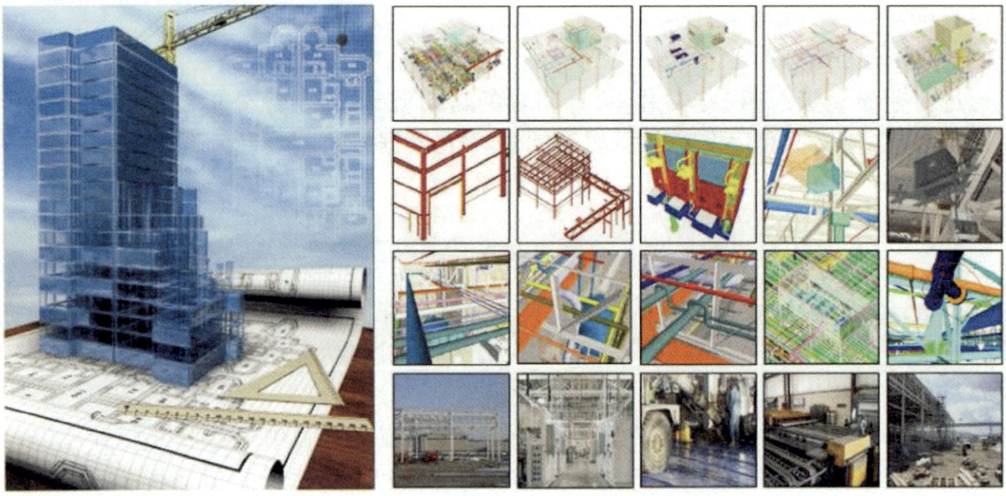

图 4.32　基于 BIM 的施工管理

4.2.3　地下资源保护及地下空间开发利用技术

地下空间是指属于地表以下，主要针对建筑方面来说的一个名词，它的范围很广，比如地下商城、地下停车场、地铁、矿井、穿海隧道等建筑空间。

地下空间的开发利用是城市发展到一定阶段的产物，其目的、作用、规模、范围等都应与城市发展水平相适应，滞后或超前都是不利的。

综观世界发达国家和我国城市建设空间的现状，城市化面临着人口密集、交通堵塞、能源消耗增大、房价上涨、绿化面积减少等问题，城市空间需求急剧膨胀与地面空间有限这一矛盾也日益突出，有效地开发利用地下空间这一需求越来越迫切。向地下要空间、要土地、要资源，已成为现代化城市发展的必然趋势之一。有效地开发利用地下空间符合建设“资源节约型、环境友好型”两型社会的城市发展战略要求，对实现我国城市现代化建设发展目标起到了积极作用。

在当今人类社会，地下空间利用的内容和范围已非常广泛。从地铁交通工程、大型建筑物向地下的自然延伸（地下车库等），发展到与地下快速轨道交通系统相结合的地下街、文化体育工程（博物馆、图书馆、体育馆、艺术馆）、地下综合管廊等复杂的地下综合体，再到地下城等，城市地下空间已经成为社会经济发展的重要资源。

到目前为止，地下空间利用大致有以下几个方面：

(1) 交通空间

地铁、隧道、地下通道和地下步行系统在地下空间形成了一个四通八达的交通网，这是迄今为止城市地下空间利用的最主要内容之一。此外，地下空间还为城市静态交通服务、地下停车场在解决城市停车问题上起到了重要作用。

(2) 商业空间

对于商业活动来说，在地下空间进行是很适宜的。由于吸引大量人流到地下去，对于改善地面上的交通与环境是十分有利的，同时对气候严寒多雪或酷热多雨的地区，购物活动放在地下空间则更受人们欢迎。

(3) 文娱空间

电影、戏剧、展览、运动等文体活动，即使是在地面上也多采用人工照明，因此在地下空间进行也比较合适。

(4) 业务空间

业务空间是指办公、会议、教学、实验、医疗等各种业务活动的空间。对于一些不需要天然光线的活动内容，当具备空调安装条件时，在地下进行是比较合适的。

(5) 设施空间

设施空间主要指各种公用设施的管道、电缆等所占用的地下空间，还包括各种系统的一些处理设施，如地下管廊、自来水厂、污水处理厂、垃圾处理厂、变电站等。

(6) 生产空间

在地下进行某些轻工业或手工业的生产是完全可能的，特别是对于精密性生产，地下空间就更为有利。

(7)仓储空间

地下空间最适合储存物资，因而得到了广泛的利用。在地下储存粮食、食用油类、药品等，储存成本低、质量高，经济效益比较显著，而且可以节省地上的仓库用地。当地质条件有利时，还可在地下大量储藏饮用水。此外，把某些危险品和有害的城市废物贮藏在深层地下空间中是比较安全的。

(8)防灾空间

地下空间对于各种自然和人为灾害都具有较强的防护能力，尤其是地下建筑受地震的破坏作用要比在地面上小得多(地下 30 m 处的地震波加速度仅为地表处的 40%)，如地下人防设施。

(9)军事空间

军事空间主要指地下军事指挥中心、重要军事设施(军事光缆、通道、物资储备等)。

对城市地下空间开发利用，要“因地制宜”地进行科学评估、科学规划，做好统筹协调。为了综合利用地下空间资源，地下空间开发将逐步向深层发展。在地下空间深层化的同时，各空间层面分化趋势越来越明显。这种分层面的地下空间，以人及为其服务的功能区为中心，人、车分流，市政管线、污水和垃圾的处理分别置于不同的层面，各种地下交通也分层设置，以减少相互干扰，保证了地下空间利用的充分性和完整性。

【工程案例】(图 4.33 至图 4.36)。

上海佘山世茂洲际酒店(又名世茂深坑洲际酒店)，位于上海市松江国家风景区佘山脚下的天马山深坑内，海拔−88 m，是于采石坑内建成的自然生态酒店。作为世界上第一个建在废石坑里的五星级酒店，上海世茂“深坑酒店”无疑是全球独一无二的奇特工程，不仅创造了全球人工海拔最低五星级酒店的世界纪录，而且其一反向天空发展的建筑思维，遵循自然环境、向地表以下开拓建筑空间也成为人类建筑设计理念的革命性创举。

上海世茂“深坑酒店”位于上海佘山国家旅游度假区核心，选址旧矿场形成的深坑，从地表下探 80 m，依附深坑岩壁而建。该项目邀请迪拜帆船酒店设计团队、英国阿特金斯集团进行设计，由一座五星级深坑酒店及相关附属建筑组成。

酒店总建筑面积为 59058.6 m^2，酒店建筑布局为地上 2 层、地平面以下 15 层(其中水面以下 2 层)，共拥有 336 间客房和套房。酒店利用所在深坑的环境特点，所有客房均设有观景露台，可欣赏峭壁瀑布。酒店设有攀岩、景观餐厅和 850 m^2 宴会厅，在地平面以下设置有酒吧、SPA、室内游泳池和步行景观栈道等设施以及水下情景套房与水下餐厅。酒店旁还配有上海世茂精灵之城主题乐园。

世茂深坑酒店项目因为其在特殊地质上选址，在建造过程中无经验可借鉴，面临施工挑战，论证方案耗时 7 年，其间经历了数千次的调整与优化设计。经过 8 年的开发，这个“挂在”坑壁上的主体建筑完成了设计建设。世茂深坑酒店项目建设团队攻克了 64 项技术难题，其中申请专利 41 项，已授权 30 项。

上海佘山世茂洲际酒店与迪拜帆船酒店同时入选世界十大建筑奇迹中的两大酒店类奇迹，并被美国国家地理频道“世界伟大工程巡礼”、美国 Discovery 探索频道“奇迹工程”等栏目组连续跟踪报道，被誉为“世界建筑奇迹”。

图 4.33　深坑酒店(一)

图 4.34　深坑酒店(二)

图 4.35　深坑酒店(三)

图 4.36　深坑酒店(四)

4.2.4 楼宇设备及系统智能化控制技术

楼宇智能化技术是指建设智能楼宇所涉及的各种工程应用技术，即以建筑物为平台，兼备信息设施系统、信息化应用系统、建筑设备管理系统、公共安全系统等，集结构、系统、服务、管理及其优化组合为一体，向人们提供安全、高效、便捷、节能、环保、健康的建筑环境。

4.2.4.1 智能化楼宇的基本要求

有完整的控制、管理、维护和通信设施，便于进行环境控制、安全管理、监视报警，并有利于提高工作效率，激发人们的创造力。简而言之，楼宇智能化的基本要求是：办公设备自动化、智能化，通信系统高性能化，建筑柔性化，建筑管理服务自动化。

4.2.4.2 楼宇智能化提供的环境

楼宇智能化提供的环境应该是一种优越的生活环境和高效率的工作环境。

(1) 舒适性。即使人们在智能化楼宇中生活和工作(包括公共区域)，无论是心理上还是生理上均感到舒适，为此，空调、照明、低噪、绿化、自然光及其他环境条件应达到较佳或最佳状态。

(2) 高效性。提高办公业务、通信、决策方面的工作效率，节省人力、时间、空间、资源、能耗、费用，以及提高建筑物所属设备系统使用管理的效率。

(3) 方便性。除了集中管理、易于维护外，还应具有高效的信息服务功能。

(4) 适应性。对办公组织机构、办公方法和程序的变更以及设备更新的适应性强，当网络功能发生变化和更新时，不妨碍原有系统的使用。

(5) 安全性。除了要保证生命、财产、建筑物安全外，还要考虑信息的安全性，防止信息网中发生信息泄露和被干扰的情况，特别是防止信息数据被破坏、篡改，防止黑客入侵。

(6) 可靠性。选用的设备硬件和软件技术成熟、运行良好、易于维护，当出现故障时能及时修复。

4.2.4.3 楼宇智能化技术发展趋势

当前智能建筑领域里，信息网络技术、控制网络技术、智能卡技术、可视化技术、流动办公技术、家庭智能化技术、无线局域网技术、数据卫星通信技术、双向电视传输技术等，都将会更加深入、广泛地得到发展应用，特别是开放性控制网络技术正在向标准化、广域化、可移植、可扩展和可交互操作的方向发展。正在尝试运用高新技术建设的绿色智能型生态建筑，既能满足当代人的需要，又不损害后代人持续发展的需求。

从楼宇智能化的功能角度看，楼宇智能化提供的功能应包括：具有信息处理功能，而且信息范围不局限于建筑物内，应该能在城市、地区或国家间进行；能对建筑物内照明、电力、暖通、空调、给排水、防灾、防盗、运输设备进行综合自动控制；能实现各种设备运行状态监视和统计记录的设备管理自动化,并实现以安全状态监视为中心的防灾自动化。建筑物内应具有充分的适应性和可扩展性,它的所有功能应能随技术进步和社会需要而发展。

4.2.4.4 智能化楼宇的优越性

智能化楼宇的优越性包括:具有良好的信息接收和反馈能力,提高工作效率;提高建筑物的安全、舒适和高效便捷性;具有良好的节能效果,即对空调、照明等设备的有效控制,不但提供了舒适的环境,还有显著的节能效果(一般节能达15%～20%);节省设备运行维护费用,即一方面系统能正常运行,发挥其作用降低机电系统的维护成本,另一方面由于系统的高度集成,操作和管理也高度集中,人员安排更合理,从而使人工成本降到最低;满足用户对不同环境功能的需求,高新技术的运用能大大提高工作效率。

【工程案例一】 住宅小区智能化系统(图4.37)。

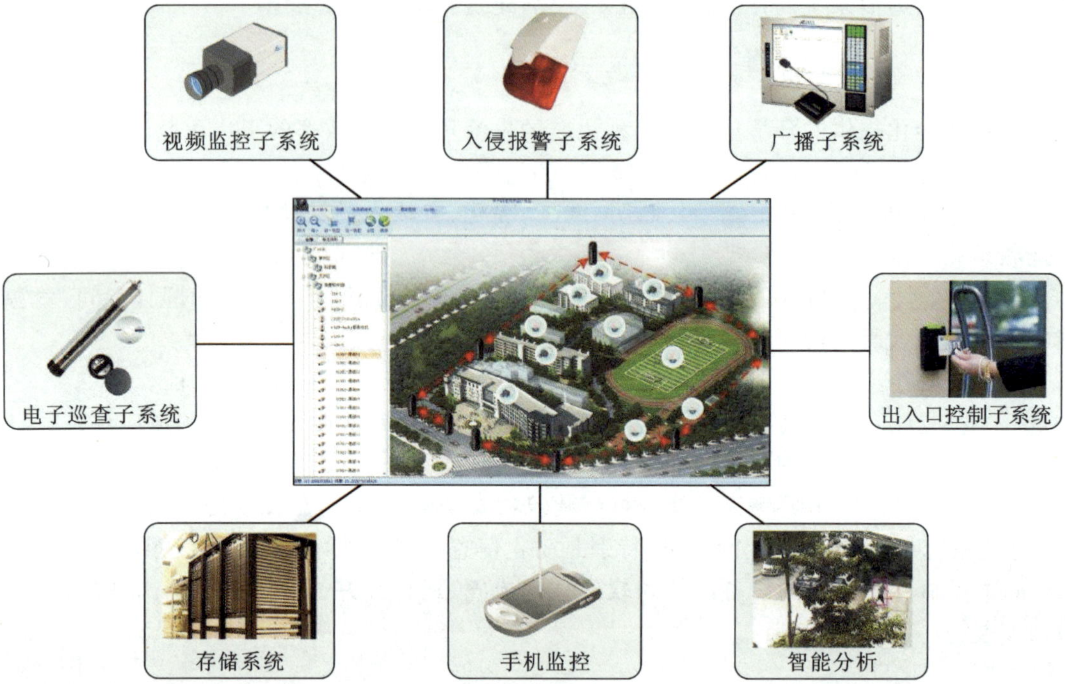

图4.37 住宅小区智能化系统

智能小区是指以一套先进、可靠的系统和设备为基础平台,为住户提供一个安全、舒适、便捷的生活环境。现代化的物业管理必须依靠智能化和高科技手段,住宅小区与家庭智能化的建设应作为新世纪住宅的必备设施来考虑。同时,由小区与家庭智能化所提供的自动化和信息化同样也是新世纪人们生活中必不可少的手段与精神内涵,旨在实现智能化小区各种功能和服务,向小区内所有住户提供安全、舒适、快捷的生活环境。

小区智能化系统是指通过现代科学技术实现小区智能化的一套集成系统。住宅小区智能化系统包括:监控门禁安防系统、网络宽带系统、消防自动控制系统、三表远程抄表系统、智能景观灯控制系统、智能园林喷灌系统等。

其中，监控门禁安防系统主要包括报警系统、监控系统、停车场管理系统、门禁刷卡系统、公共广播及背景音乐系统等，有些大型智能社区还包括电子公告牌显示系统。

具体来说，报警系统包括：小区周界围墙红外对射报警、家庭煤气泄漏报警、家庭防盗报警，以及家庭老人护理紧急求助报警等。

监控系统包括：社区或道路公共场所监控、居家远程防盗监控等。

停车场管理系统包括：小区或大厦出入口图像识别自动开闸、自动计费、车位剩余自动统计与显示、立体停车楼自动泊车等。

门禁刷卡系统包括：小区或大厦出入门刷卡系统、进出房间门刷卡系统，以及电梯刷卡进出授权等。

公共广播及背景音乐系统包括：社区或大厦背景音乐及消防广播、校园自动打铃及会议广播、多媒体会议及大屏幕液晶电视画中画显示等。

智能小区弱电系统应采用性能可靠、技术成熟、功能完善、性价比高的技术和产品，使整个小区智能化系统连为一体，以便于今后的系统维护及管理。因此，为保证该系统具有良好的标准性、开放性、集成性、安全性、可扩充性，建设时均应选用最新的国家和行业规范标准。

随着计算机信息技术的高速发展，以前很多各自独立的系统现在都开始融合到宽带网络控制上来，布线也都大大简化，每个子系统只需要一根网线，就能把子系统所要求的控制及数据信息都通过网络传输到控制中心，实现真正意义上的建筑智能化。

结合小区智能化系统建设的经验，将计算机通信等先进技术运用于住宅小区智能化系统建设，通过有效的信息传输及各系统优化配置和综合应用，向用户提供先进的安全防范、信息服务、物业管理等功能模块，建立一个沟通住户与住户、住户与小区管理中心、住户与外界的多媒体综合信息网。

人性化的居住和生活环境是时代发展的产物，一个充分体现“以人为本”，实现智能化管理和人性化、信息化服务的智能小区，其技术实现的核心和前提是网络与系统的集成。只有通过网络与系统集成，才能实现各个系统的互联和信息共享，实现设备高效、经济地运行，实现小区真正的智能化、信息化管理。

【工程案例二】 智能化楼宇（图 4.38）。

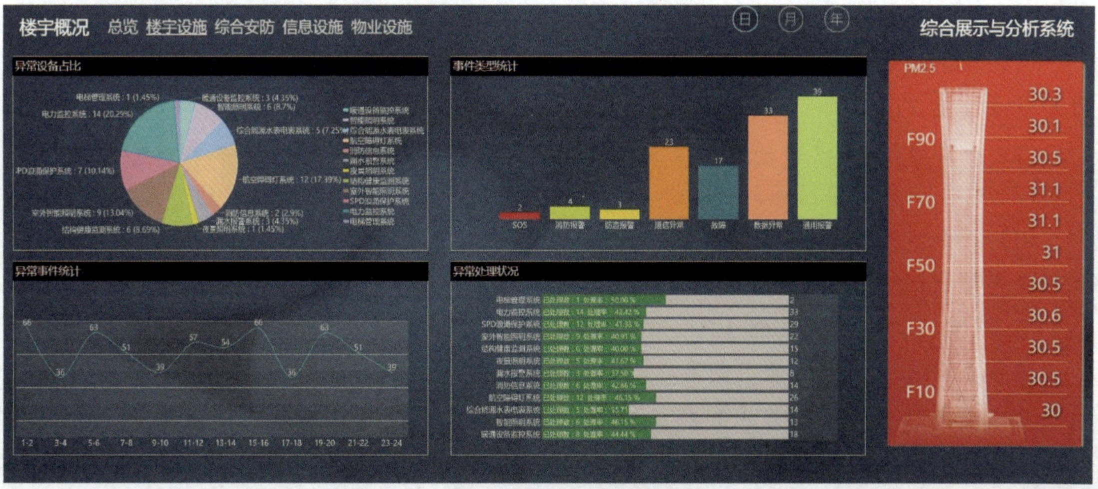

图 4.38 智能化楼宇管理系统

目前，楼宇智能化系统的应用正不断扩大，纵横贯穿安全防范系统、卫星及有线电视系统、会议系统、数字程控交换机系统、楼宇自动化控制系统、计算机网络系统、一卡通系统、电子信息显示系统、电子信息查询系统等。

一、安全防范系统

安全防范系统包括闭路电视监控系统、防盗报警系统、门禁系统、巡更系统、周界防范系统等，采用多种方式构成大楼多方位、立体化的综合保安防护体系，保证大楼内设备、人员的安全。它能够在第一时间内做出相应判断和动作，并以视觉、听觉或其他感受方式告知管理与安保人员在事故现场所发生的各种情况，使之对安全事故现场有效地作出反应，并将所发生事件的全过程以视频记录方式进行备份记录，为处理事故现场提供确实可靠的法律依据。

二、卫星及有线电视系统

卫星及有线电视系统设计采用双向邻频传输技术，前端、放大器和信号分配设备选用达到国内外先进技术水准的产品，使整个系统在今后五至十年内，根据社会发展的需要，有充分发展的余地。为满足将来电子商务的需要，在系统中增加回传带宽。考虑未来数字技术的发展，在数据通信中，划出一部分用作数字电视传输，并可用作 VOD 视频点播。

三、会议系统

现代化的智能建筑中一般拥有比较多的会议场所，有专门作为会议场所的会议室、报告厅，还有可以作为临时会议场所的多功能厅等。会议场所主要用于举行各种会议或报告，在功能上满足数字会议管理及同声传译、灯光控制、会议讨论、即席发言、会议扩声、视频显示等要求，既能满足内部会议的需要，也可以满足高级别的电子会议的需要，如对外直播的会议、记者招待会、国际性大型会议等。

四、数字程控交换机系统

智能建筑中采用的程控交换机应是高起点、高标准、国际一流的全数字程控交换机，应能满足大楼范围内的语音、数据、图像、宽带等多媒体业务。

数字程控交换机应用范围包括以下内容：

(1) 语音通信：国际、国内及本地语音通信能通过本设备实现多功能服务，提高通信能力和服务质量。

(2) 传真通信：通过数字程控交换机可连接各类传真机，大大提高文本传真的质量。

(3) 综合业务数字网通信：通过数字程控交换机实现综合业务数字网通信业务。

(4) 语音邮箱服务：通过交换机内语音邮箱，自动存储用户语音，交换机用户可授权提取语音邮箱里的内容，提高大楼通信自动化的水准。

五、楼宇自动化控制系统

楼宇自动化控制系统采用集散控制系统，管理者使用本系统在中央控制室内就可实现对整座大楼内机电设备的监控和相应的各种管理。楼宇自动化控制系统中央管理工作站作为大楼的机电设备运行信息的交汇与处理中心，对汇集的各类信息进行分析、归类、处理和判断，采用最优化的控制手段，对各个设备进行分布式监控和管理，使各子系统和设备始终处于有条不紊、协调一致、高效有序的状态。

(1) 系统作用：分散控制，集中管理，节能、降耗。

(2) 监控范围：对空调系统、新风机组、制冷机组、冷却塔、风机盘管、照明回路、变配电、电梯等系统进行信号采集和监测、控制，实现设备管理自动化。

(3) 达到效果：有效节省电能、大量节省人力、延长设备使用寿命、有效加强管理、保障设备与人身的安全。

总体来讲，一座大楼中的各种设备(如冷水机组、空调机组、电梯等)都是消耗产品，设备每天要消耗电能，要维护保养，直至报废，业主的投资是无法直接收回的，而通过使用楼宇自控系统，可以给业主节约资金，成为能间接收回资金的设备。

六、计算机网络系统

在智能建筑中，通信自动化、办公自动化和管理自动化是非常重要的组成部分，无论是高速传输处理语音、文字、图像、数据，还是便捷处理日常事务及管理决策，都离不开高性能计算机网络系统的支持。以往需要独立的多种网络来承担各不相同的通信服务，而在现在的解决方案中，由一个共同的核心基础设施集中提供各种基本服务，既使效率达到最大，又简化了网络的管理，并且传统的数据网络是建立在“尽最大的努力”提供服务的简单模型之上。今天应用的“智能”数据网络是建立在按客户需要提供不同级别通信服务的智能模型之上，能够根据各种应用和用户的具体要求调整所提供的带宽和服务质量。“千兆交换作主干，百兆交换到桌面”成为网络基础设施的基本构架，在此基础上结合光纤到桌面和无线网络方式，组成现代化的计算机网络系统。

七、一卡通系统

通过一卡通系统，可以实现对相关人员的考勤管理、门禁管理、内部电子消费管理、停车管理等功能的综合管理，形成完整的一卡通用解决方案。结合各建筑的特点，一卡通系统可以实现以下几方面的功能：身份管理、门禁管理、考勤管理、借阅管理、停车场管理、消费管理等。具体实施时，可根据实际情况一起或分步实施。

八、电子信息显示系统

当今社会已进入信息时代，信息传播占有越来越重要的地位，同时人们对于视觉媒体的要求也越来越高，要求媒体传播信息直观、迅速、生动、醒目。电子信息显示系统的作用，就是一方面可以播放大楼事务介绍、时事新闻、通知等，起到良好的宣传效果；另一方面则可以配合音(视)频设备播放电视、LD、VCD、DVD、录像等，起到装饰环境、烘托气氛的作用。另外，还可以充分利用大楼的社会地位和影响力，承接各种广告业务，通过电子信息显示系统播放多媒体广告，起到为业主创收的作用。

九、电子信息查询系统

电子信息查询系统的展示内容可以包括大楼总体情况介绍、内部功能区分布、主要部门联系电话等，还可以根据今后的实际需要添加内容，如提供广告或其他服务信息等，并可具有图像、文字、音频、视频等多媒体方式。电子信息查询系统采用触摸查询一体机，使用先进的声波触控技术，输入信息十分简单、方便、迅捷，与其他多媒体技术配合运用，使用者就可以通过丰富多彩的触摸界面进行轻松活泼的人机交互，再加上其信息量大而全，且检索信息速度快，能够满足不同用户的各种信息查询需求。

4.2.5 建筑材料与施工机械绿色性能评价及选用技术

建筑材料与施工机械绿色化发展技术，应细化、强化建筑材料和施工机械供给侧的绿色性能要求，进行建筑材料和施工机械的绿色评价指标体系研究。一方面应注重建立、健全建筑材料与施工机械绿色性能评价体系，促使供给侧绿色建材大量生产；另一方面要因地制宜，进行绿色建材和绿色施工机械选用的管理和技术研究，促使建材行业技术升级。

采用统一、简单、可行的指标体系对施工现场各种各样的建筑材料和施工机械进行绿色性能评价。建筑材料绿色性能评价的重点包括废渣排放、废水排放、废气排放、尘埃排放、噪声排放、水资源利用、能源利用、材料资源利用、废弃材料再利用等指标；施工机械绿色性能评价的重点包括工作效率、油耗、电耗、尾气排放、噪声等指标。在施工中选用绿色性能好的建筑材料和施工机械是实现绿色建造的基础条件。

【工程案例一】 绿色建材评价政策。

关于推动绿色建材产品标准、认证、标识工作的指导意见

国质检认联〔2017〕544号

各省、自治区、直辖市及计划单列市、新疆生产建设兵团质量技术监督局（市场监督管理部门）、住房城乡建设厅（委）、工业和信息化主管部门，各直属检验检疫局：

为全面贯彻落实党的十九大精神，进一步推进《生态文明体制改革总体方案》（中发〔2015〕25号）、《中共中央 国务院关于开展质量提升行动的指导意见》（中发〔2017〕24号）、《中共中央 国务院关于进一步加强城市规划建设管理工作的若干意见》（中发〔2016〕6号）、《国务院办公厅关于建立统一的绿色产品标准、认证、标识体系的意见》（国办发〔2016〕86号）、《国务院办公厅关于促进建材工业稳增长调结构增效益的指导意见》（国办发〔2016〕34号）及《绿色建筑行动方案》（国办发〔2013〕1号）的落实工作，健全绿色建材市场体系，增加绿色建材产品供给，提升绿色建材产品质量，推动建材工业和建筑业转型升级，现就推动绿色建材产品标准、认证、标识工作提出以下指导意见：

一、目标原则

（一）总体目标

按照国务院要求，将现有绿色建材认证或评价制度统一纳入绿色产品标准、认证、标识体系管理。在全国范围内形成统一、科学、完备、有效的绿色建材产品标准、认证、标识体系，实现一类产品、一个标准、一个清单、一次认证、一个标识的整合目标，建立完善的绿色建材推广和应用机制，全面提升建材工业绿色制造水平。到 2020 年，绿色建材应用比例达到 40%以上。

（二）基本原则

(1) 统一协调，共同实施。通过建立有效的协调机制，各有关部门共同推进绿色建材产品标准、认证、标识的采信和推广应用工作。

(2) 稳步推进，平稳过渡。积极稳妥地整合现有绿色建材相关评价认证制度，结合实施情况，制定具体措施，确保政策平稳过渡。

(3) 强化监督，多元共治。加强绿色建材产品标准、认证、标识诚信体系建设，完善监督机制，形成政府、行业组织、认证机构、生产企业多元共治的良性局面。

二、组织实施

（三）加强组织协调

质检总局、住房城乡建设部、工业和信息化部、国家认监委、国家标准委共同成立绿色建材产品标准、认证、标识推进工作组（简称五部门工作组），协调指导全国绿色建材产品标准、认证、标识工作。

各地应参照五部门模式成立本地绿色建材产品认证工作组，接受五部门工作组指导，负责本地绿色建材产品认证和推广应用工作，引导本地符合条件的机构申报绿色建材产品认证机构，参与绿色建材产品标准编制，监督管理本地绿色建材产品认证活动，审查、汇总、上报本地绿色建材产品认证结果。

（四）建立统一的产品标准体系

由国家标准委、工业和信息化部、住房城乡建设部构建绿色建材产品标准体系框架，组织研制满足工程建设要求的绿色建材产品评价标准，确定和统一发布绿色建材产品评价标准清单，动态管理绿色建材产品标准。

（五）建立统一的产品认证体系

由国家认监委、住房城乡建设部、工业和信息化部构建绿色建材产品认证体系框架，制定绿色建材产品认证目录、实施规则和证书式样；按照绿色产品认证机构能力要求确定绿色建材产品认证机构。

（六）推进绿色产品认证

积极稳妥地推动绿色建材评价向统一的绿色产品认证转变。

对于纳入统一的标准清单和认证目录的建材产品，符合相关要求的，按照统一的绿色产品认证体系进行绿色产品认证，已获得三星级绿色建材评价标识的建材产品在证书有效期内可换发绿色产品认证证书。

对于未纳入统一的标准清单和认证目录的建材产品，以及统一的标准清单和认证目录内已获得一星级、二星级绿色建材评价标识的建材产品，仍参照《绿色建材评价标识管理办法》(建科〔2014〕75号)执行,按照分级认证的原则实施自愿性产品认证,由国家认监委批准的认证机构进行认证。

(七)加强机构能力建设

认证机构应具备与从事绿色建材产品认证活动相适应的工作条件和技术能力,按照《认证机构管理办法》(质检总局令第164号)管理,由国家认监委批准,住房城乡建设部、工业和信息化部共同参与监督管理。

三、采信应用

(八)完善政策措施

质检总局、住房城乡建设部、工业和信息化部、国家认监委、国家标准委要制定完善相关政策,加强政策衔接,统筹绿色建材标准制定、产品认证、生产应用等环节,积极引导建材生产企业参与绿色建材产品认证,抓紧建立绿色建材采信和推广应用机制。结合深化"一带一路"等国家战略,推动建立绿色建材产品国际互认合作机制,推动中国产品和服务"走出去"。

(九)积极采信应用

各地要结合实际,制定本地绿色建材认证推广应用方案,明确发展目标、重点任务和保障措施,积极鼓励工程建设项目使用绿色建材,在政府投资工程、重点工程、市政公用工程等项目中率先采用绿色建材,建设一批绿色建材推广应用示范工程。将绿色建材产品认证和推广应用工作列入生态文明建设、城市规划建设管理工作、新型城镇化建设、节能减排等监督考核指标体系,加大考核力度。定期对各地开展的绿色建材产品认证和推广应用进行检查。

四、监督保障

(十)加强监督检查

要强化对认证过程的监管,确保认证工作规范有序;遵循"双随机、一公开"原则,定期或不定期对认证机构和获证企业进行监督检查,对不符合认证要求的产品、企业进行处置,追究相关企业和认证机构责任。依法查处认证违法违规行为,建立违法违规的认证机构黑名单制度,向社会公布黑名单,并记入相关机构信用记录,纳入全国统一的信用信息共享交换平台。

(十一)强化社会共治

及时发布认证机构及获证企业相关信息,任何组织和个人有权对绿色建材产品认证中的违法违规行为进行举报,各地、各相关部门应当及时调查处理。绿色建材产品认证机构要主动公开认证产品标准、程序、方法、结果,自觉接受社会监督。建立认证机构、认证人员、获证企业、最终用户的关联制约机制、风险责任机制,依靠行政监管、认可约束、行业自律、社会监督,实现多元共治。

(十二)加强宣传引导

加强绿色建材产品标准、认证、标识相关政策解读。贴近群众、走进生活,开展多种形式的绿色建材产品宣介活动，向社会提供绿色建材产品认证信息查询、统计分析、结果发布等服务，引导消费者选材，强化公众绿色生产和消费理念，让广大消费者接受认证结果、信任认证制度。支持企业提品质、树品牌，促进建材工业提质升级。

质检总局 住房城乡建设部 工业和信息化部

国家认监委 国家标准委

2017 年 12 月 28 日

附一：绿色建材标识（图 4.39）

图 4.39 绿色建材标识（一星级、二星级、三星级）

附二：中国工程建设协会标准《绿色建材评价标准》

（1）CECS《绿色建材评价标准-透水铺装材料》

（2）CECS《绿色建材评价标准-混凝土结构外防护材料》

（3）CECS《绿色建材评价标准-保温装饰一体化板》

（4）CECS《绿色建材评价标准-辐射供热供冷系统》

（5）CECS《绿色建材评价标准-采暖空调输配系统》

（6）CECS《绿色建材评价标准-换热器》

（7）CECS《绿色建材评价标准-建筑用供暖散热器》

（8）CECS《绿色建材评价标准-空调机组》

（9）CECS《绿色建材评价标准-冷凝式燃气热水炉》

（10）CECS《绿色建材评价标准-冷热联供设备》

（11）CECS《绿色建材评价标准-冷水机组》

（12）CECS《绿色建材评价标准-冷却塔》

（13）CECS《绿色建材评价标准-风机盘管机组》

（14）CECS《绿色建材评价标准-工程修复材料》

（15）CECS《绿色建材评价标准-屋面绿化材料》

（16）CECS《绿色建材评价标准-建筑铝合金模板》

（17）CECS《绿色建材评价标准-智能坐便器》

（18）CECS《绿色建材评价标准-刚性防水材料》

（19）CECS《绿色建材评价标准-集成式卫浴》

（20）CECS《绿色建材评价标准-镀锌钢龙骨》

（21）CECS《绿色建材评价标准-泡沫铝板》

（22）CECS《绿色建材评价标准-装饰装修用木质建材》

（23）CECS《绿色建材评价标准-整体橱柜》

（24）CECS《绿色建材评价标准-重组材》

（25）CECS《绿色建材评价标准-建筑垃圾绿色处理技术》

（26）CECS《绿色建材评价标准-防火材料》

（27）CECS《绿色建材评价标准-防腐材料》

（28）CECS《绿色建材评价标准-集成成品房屋》

【工程案例二】 建筑施工机械绿色性能指标与评价方法。

建筑施工机械绿色性能指标与评价方法

（GB/T 38197—2019）

【扫码演示】

1. 范围

本标准规定了建筑施工机械的绿色性能指标以及评价方法。

本标准适用于建筑机械与设备。

2. 规范性引用文件

下列文件对于本文件的应用是必不可少的。凡是注日期的引用文件，仅注日期的版本适用于本文件。凡是不注日期的引用文件，其最新版本（包括所有的修改单）适用于本文件。

《工程机械减轻环境负担的技术指南》（GB/T 26546—2011）。

3. 术语和定义

GB/T 26546—2011 界定的以及下列术语和定义适用于本文件。

3.1 建筑施工机械绿色性能：建筑施工机械在其全生命周期内减轻环境负担的指标。

3.2 作业能效：建筑施工机械在规定工况下，在单位时间内所完成的作业量与消耗能量之比（典型建筑施工机械的作业能效参见附录 A）。

3.3 燃油消耗量：建筑施工机械在规定工况下，单位时间内所消耗的燃油量。

3.4 供给能：按照规定的测试方法要求完成一个测试周期时，实际消耗的能量。

3.5 有效能：按照规定的测试方法要求完成一个测试周期时，提供有效的能量。

3.6 工作循环：建筑施工机械在测试作业能效时从测试始点，经过完整的作业动作并回到始点位置的过程。

4. 绿色性能指标与评价通用要求

建筑施工机械绿色性能指标包括有毒有害材料、发动机污染物排放、作业能效、噪声、解体方法、可再利用率，其要求和评价方法见表4.1。

表4.1 建筑施工机械绿色性能指标、要求和评价方法

序号	绿色性能	指标	要求评价方法
1	有毒有害材料	(1)应控制使用GB/T 26546—2011表2中D类材料。 (2)如使用GB/T 26546—2011表2中C类和D类材料，则应给出废弃时的处理方法	(1)根据GB/T 26546—2011表2和产品标准与安全标准，查阅设计文件和(或)对不确定有毒有害的零部件进行材质成分检验。 (2)查验机器解体方法的说明文件
2	发动机污染物排放	所用发动机的排放应符合现行国家和(或)地方有关发动机污染物排放限值的规定	查验发动机制造商给出的发动机污染物排放证明文件
3	作业能效	对于有能效试验方法标准的建筑施工机械，应采用标准方法进行作业能效测试，对于目前没有能效测试方法的典型建筑施工机械，参见资料性附录A，并向用户提供试验报告	查验作业能效试验报告
4	噪声	符合产品标准和安全标准的规定	查验噪声检测报告
5	解体方法	应有机器解体方法，且应有序号1要求的处理方法	查验解体方法文件，其内容可参见GB/T 26546—2011附录B给出的示例
6	可再利用率	新机器可再利用率不小于85%	见GB/T 26546—2011附录A

注：1. 本表序号3、4中的标准是指国家标准、行业标准。

2. 本表中涉及的产品是指新出厂的建筑施工机械产品。

5. 典型建筑施工机械绿色性能评价

建筑施工机械的绿色性能指标与评价方法在满足表4.1要求的基础上，对于典型建筑施工机械绿色性能评价可参见附录A。

【扫码演示】

(附录A略)。

4.2.6 高强钢材与预应力结构等新型结构开发应用技术

高强钢材的研制使用和新型结构体系的开发研究是解决我国工程建设中存在的资源利用效率不高、环境保护不足、抗灾能力不强、使用寿命偏短等问题的重要举措，是工程建设行业实现可持续发展的关键技术之一。

选用高强钢材(屈服强度 $R_{eL} \geqslant 390$ MPa)，可减少钢材用量及加工量，节约资源、降低成本。为了提高结构的抗震性，要求钢材具有较高的塑性变形能力，选用低屈服点钢材(屈服

强度 $R_{eL}=100\sim225$ MPa)。国家标准《低合金高强度结构钢》(GB/T 1591)中规定有八个牌号，其中 Q390、Q420、Q460、Q500、Q550、Q620、Q690 属于高强钢材范围;《桥梁用结构钢》(GB/T 714)有九个牌号，其中 Q420q、Q460q、Q500q、Q550q、Q620q、Q690q 属于高强钢材范围;《建筑结构用钢板》(GB/T 19879)有 Q390GJ、Q420GJ、Q460GJ 三个牌号属于高强钢材范围;《耐候结构钢》(GB/T 4171)有 Q415NH、Q460NH、Q500NH、Q550NH 四个牌号属于高强钢材范围;《建筑用低屈服强度钢板》(GB/T 28905)有 LY100、LY160、LY225 三个牌号属于低屈服强度钢材范围。建筑结构用高强钢材一般具有低碳、微合金、纯净化、细晶粒四个特点。使用高强钢材时必须注意新钢种焊接性试验，进行焊接工艺评定确定匹配的焊接材料和焊接工艺，编制焊接工艺规程。

预应力是指为了改善结构或者构件的使用性能而在投入使用前施加的一种作用力。多种结构都可以施加预应力，如预应力混凝土结构、预应力钢结构等。预应力在土木工程各个领域应用广泛，如房屋结构、道路交通、地下结构、港口码头、海洋工程、压力容器、水工结构、高耸结构、边坡工程、机场跑道、反应堆安全壳，等等。自 20 世纪 80 年代中后期开始，预应力技术得到广泛的应用。在建筑业推广应用的十项新技术中，预应力技术仍是其重要的组成部分。在混凝土结构中，预应力技术由于采用了高强钢材和高强混凝土，可减少 30%～60%的钢筋用量，减少 20%～40%的混凝土用量，并且由于预应力的作用，可以控制结构开裂、变形等不利影响，提高混凝土结构的耐久性。近 20 年来，预应力技术不仅被应用于混凝土构件，其应用的目的也不仅仅是为了发挥高强钢筋作用或提高混凝土的抗拉能力，预应力混凝土结构相比于传统的全预应力混凝土结构有了进一步的发展，逐渐应用于钢结构混凝土组合结构、空间钢结构等领域，预应力技术的发展进入了新的历史时期。

【工程案例】 北京机场 T3 航站楼(图 4.40 至图 4.43)。

北京首都国际机场 T3 航站楼工程，为减少温度应力对结构的不利影响，在对受温度应力影响较大的地下室外墙、地下二层、地下一层、一层、二层的超长梁和板内配置无黏结预应力筋。

图 4.40　北京机场 T3 航站楼(一)

图 4.41　北京机场 T3 航站楼(二)

图 4.42 北京机场 T3 航站楼(三)

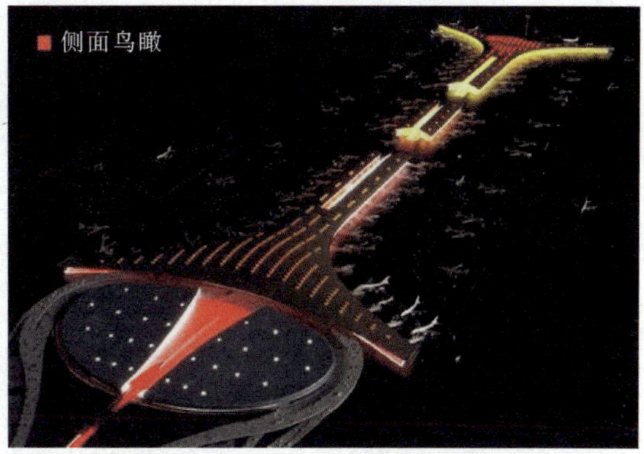

图 4.43 北京机场 T3 航站楼(四)

4.2.7 多功能高性能混凝土技术

多功能高性能混凝土是混凝土的发展方向，符合绿色建造的要求。研究发展轻质、高强，集承重、保温、耐火、防水和隔断围护等多功能于一体的高性能混凝土技术，对绿色建造的推进具有重要作用，应集中优势力量寻求技术突破。

高强高性能混凝土(简称 HS-HPC)是指具有较高强度(一般强度等级不低于 C60)且具有高工作性、高体积稳定性和高耐久性的混凝土(俗称“四高”混凝土)，属于高性能混凝土(HPC)的一个类别。其特点是不仅具有更高的强度且具有良好的耐久性，多用于超高层建筑底层柱、墙和大跨度梁，可以减小构件截面尺寸，增大使用面积和空间，并达到更高的耐久性。HS-HPC 的水胶比一般不大于 0.34，胶凝材料用量一般为 480～600 kg/m^3，硅灰掺量不宜大于 10%，其他优质矿物掺合料掺量宜为 25%～40%，砂率宜为 35%～42%，宜采用聚羧酸系高性能减水剂。

超高性能混凝土(UHPC)是一种超高强(抗压强度可达 150 MPa 以上)、高韧性(抗折强度可达 16 MPa 以上)、耐久性优异的新型超高强高性能混凝土，是一种组成材料的颗粒级配达到最佳的水泥基复合材料。用其制作的结构构件不仅截面尺寸小，而且单位强度消耗的水泥、砂、石等材料少，具有良好的环境效应。UHPC 的水胶比一般不大于 0.22，胶凝材料用量一般为 700～1000 kg/m^3。超高性能混凝土宜掺加高强微细钢纤维，钢纤维的抗拉强度不宜小于 2000 MPa，体积掺量不宜小于 1.0%，宜采用聚羧酸系高性能减水剂。

【工程案例】 上海中心大厦(图 4.44 至图 4.48)。

上海中心大厦项目建筑面积 433954 m^2，建筑主体为 119 层，总高为 632 m，结构高度为 580 m。主楼主体为钢筋混凝土核心筒和钢结构组成的混合结构体系。

图 4.44　上海中心大厦(一)

主楼基础底板厚 6 m，混凝土强度等级 C50，混凝土量 60000 m^3，一次性连续浇筑在世界上尚无先例，高强超大体积混凝土施工裂缝控制难度极高。主楼核心筒混凝土高度 574 m，顶部混凝土强度等级为 C60，高强混凝土一次泵送到顶施工难度大。施工中，混凝土原材料采用中低热定制水泥、大掺量粉煤灰和矿物掺合料，专门复配了聚羧酸系高效减水剂。混凝土配合比设计中，进行了 6 m×8 m×3 m 的大体积混凝土模拟试验，获得了更真实有效的数据，对混凝土配合比进行了优化设计，采用 C50R90 后期强度，初凝时间 12～14 h，终凝时间 16～18 h。基础混凝土浇筑采用由中心向四周退捣方案，主体混凝土浇筑采用超高泵送混凝土技术。

图 4.45　上海中心大厦(二)

图 4.46　上海中心大厦(三)

图 4.47　上海中心大厦(四)

图 4.48　上海中心大厦(五)

4.2.8 清洁能源开发及资源高效利用技术

加大太阳能、风能、潮汐能等清洁能源的开发利用技术研究，广泛开展低能耗照明灯具、施工机械和楼宇设备研制，进一步加大资源高效利用的技术开发，以便有效提高资源利用效率，实现对资源的有效保护。

4.2.8.1 清洁能源开发

（1）太阳能。太阳能既是一次性能源，又是可再生能源，利用技术如太阳能热水器、太阳能光伏电池等。

（2）地热能。地热能是来自地壳深处的可再生热能，利用技术如地热发电、地源热泵等。

（3）风能。风能是一种有巨大发展潜力的无污染可再生能源，利用技术如风力发电机等。

（4）海洋能。海洋能是指依附在海水中的可再生能源，海洋通过各种物理过程接收、储存和释放能量，这些能量以潮汐、波浪、温度差、盐度梯度、海流等形式存在于海洋之中，利用技术如潮汐能发电、波浪发电、海水温差能发电、盐差能发电、海流发电等。

（5）生物能。生物质是指由光合作用产生的各种有机体，生物能是太阳能以化学能形式储存在生物质中的一种能量形式，是一种以生物质为载体的能量，它直接或间接地来源于植物的光合作用。在各种可再生能源中，生物能是独特的，它储存的是太阳能，更是一种唯一可再生的碳源，可转化成常规的固态、液态和气态燃料。利用技术如直接燃烧、热化学转化、生物化学转化等。

（6）氢能。氢能是一种二次能源，因为它是通过一定的方法利用其他能源制取的，而不像煤、石油和天然气等可以直接从地下开采，这种能源总有枯竭的一天，而氢能若能从中生产，则可望有效缓解能源危机。

4.2.8.2 资源高效利用

我国资源总量大、人均占有量少、质量不高，主要资源人均占有量与世界平均水平相比普遍偏低，不少地方新增建设用地接近或超过承载能力上限。水资源空间匹配性差，六百多个城市中有四百多个缺水。我国的基本国情、资源禀赋和发展的阶段性特征，决定了必须全面节约和高效利用资源。

《中共中央关于制定国民经济和社会发展第十三个五年规划的建议》作出全面节约和高效利用资源的战略部署，这是一个关乎全局和长远的顶层制度设计。人类对资源的开发利用既要考虑使当代人过上幸福生活，也要为子孙后代留下生存根基。我国当前面临的生态环境问题，归根结底是一个时期以来在快速工业化、城镇化进程中对资源的过度开发、粗放使用和奢侈浪费造成的。改变传统的“大量生产、大量消耗、大量排放”的生产模式和消费模式，把经济活动、人的行为限制在自然资源和生态环境能够承受的限度内，使资源、生产、消费等要素相匹配相适应，用最少的资源环境代价取得最大的社会经济效益，形成与大量占有自然空间、显著消耗资源、严重恶化生态环境的传统发展方式明显不同的资源利用和生产生活方式，是既对当代人负责、又对子孙后代负责的体现。

【工程案例】 光伏发电（图 4.49、图 4.50）、风力发电（图 4.51、图 4.52）、海绵城市（图 4.53）。

图 4.49 杭州东火车站 10 MW 屋顶光伏发电项目

图 4.50 华能格尔木 5 MW 光伏电站工程

图 4.51 海边风力发电机安装

图 4.52 平原地区风力发电机安装

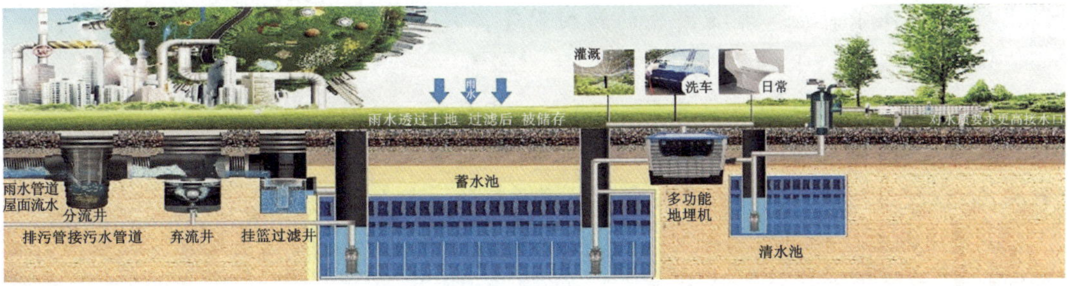

图 4.53 海绵城市系统示意图

海绵城市，是新一代城市水资源高效利用的管理概念，是指城市能够像海绵一样，在适应环境变化和应对雨水带来的自然灾害等方面具有良好的弹性，也可称之为“水弹性城市”。

海绵城市的国际通用术语为“低影响开发雨水系统构建”，即下雨时吸水、蓄水、渗水、净水，需要时将蓄存的水释放并加以利用，从而实现雨水在城市中的自由迁移。

4.2.9 现场废弃物减排及回收再利用技术

施工现场固体废弃物减量化和资源化对于保护资源、减少污染具有重要作用，是绿色建造技术发展的重要方面，应给予重点关注。

【工程案例】 建筑垃圾回收再利用(图 4.54)。

图 4.54 中建一局施工现场固废减排、回收与循环利用技术研究与示范

中建一局“十三五”国家重点研发计划课题“施工现场固废减排、回收与循环利用技术研究与示范”，以施工现场固体废弃物的量化预测为基础，通过对源头减量化、分类收集及资源化利用，实现了对施工现场固废的精细管理与科学处置。此研发课题，通过以下四个方面实现了固废减排70%的目标：

（1）固废分类与量化技术研究：是此课题施工现场固体废弃物管理策略与资源化利用的基础数据支撑，提高固废量化、分类与回收水平，建立施工现场固体废弃物处置的基础支撑数据库，为我国在该领域的技术发展提供重要理论支撑与实践指导；

（2）固废源头减量化技术研究：基于BIM等智慧建造技术，实现高效施工组织，优化材料资源配置，提高源头减量化水平；

（3）固废收集技术研究与设备研发：根据不同类型建筑物的施工工艺和施工阶段，提出不同的施工现场固体废弃物收集方法和管理策略，研究施工现场固体废弃物水平与垂直输送技术及其装备，实现施工现场固体废弃物自动、快速、高效、无尘收集与输送目标；

（4）固废资源化技术研究与设备研发：研究施工现场固体废弃物资源化技术应用与设备开发，从而建立完善的施工现场固体废弃物资源化技术应用体系与方法，研发成套施工现场固体废弃物资源化综合处理一体化设备。

4.2.10 人力资源保护及高效利用技术

建筑业是劳动密集型产业，劳动强度高、作业条件差是其重要特点。人力资源保护就是通过提高人的技能的适用率、发挥率和有效率，达到人尽其才、人尽其用、人尽其能的目的，最大限度地发挥人的潜能。同时，围绕改善施工现场作业条件、减轻劳动强度进行技术研究，提升现场机械化程度、推进智能化建造，对劳动保护措施强化和人力资源高效利用至关重要。

4.3 绿色建造的主要技术

4.3.1 施工图绿色设计技术

施工图设计是对工程项目初步设计的延伸和细化。施工图绿色设计技术是指在施工图设计过程中，能够实现“四节一环保”目标的具体技术，详见表4.2至表4.5。

表4.2 环境保护设计技术

序号	技术名称
1	钢筋混凝土预制装配化设计技术
2	建筑配件整体安装的设计技术

续表 4.2

序号	技 术 名 称
3	预制楼梯设计技术
4	绿化墙面设计技术
5	屋顶绿化设计技术
6	预制钢筋混凝土外墙承重与保温一体化设计技术
7	钢结构现场免焊接设计技术
8	钢结构长效防腐设计技术
9	建筑自然通风利用与组织技术
10	基于低碳排放的“双优化”技术
11	污水净化技术
12	植生混凝土应用技术
13	透水混凝土应用技术
14	楼宇垃圾密闭输送技术
15	基坑施工逆作和半逆作设计技术

表 4.3 节材与材料资源利用设计技术

序号	技 术 名 称
1	基于资源高效利用的工程设计优化技术
2	建筑材料绿色性能评价及选择技术
3	新型复合地基及桩基开发应用技术
4	清水混凝土技术
5	自流平地面设计技术
6	钢结构长效防腐技术
7	钢结构安装现场免焊接技术
8	高强钢筋应用技术
9	高强混凝土应用技术
10	工程耐久性设计技术
11	标准化设计技术
12	工程结构安全度合理储备技术
13	结构构件预制设计技术
14	建筑配件整体安装设计技术

表 4.4 节水与水资源利用设计技术

序号	技术名称
1	污水微循环利用技术
2	感应阀门应用技术
3	中水利用技术
4	自动加压供水技术
5	供水系统防渗技术

表 4.5 节能与能源利用设计技术

序号	技术名称
1	低耗能楼宇设施选择技术
2	太阳能热水利用技术
3	屋顶光伏发电技术
4	玻璃幕墙光伏发电技术
5	自然采光技术
6	太阳光追光照明技术
7	自然光折射照明技术
8	地源、水源及气源热能利用技术
9	风能在建筑中的利用技术
10	电梯势能利用技术
11	LED 建筑照明技术
12	建筑遮阳技术
13	外墙保温设计技术
14	铝合金窗断桥技术
15	供热计量技术
16	光、温、声控照明技术

4.3.2 绿色施工技术

绿色施工技术是指在工程建设过程中，能够使施工过程实现“四节一环保”目标的具体施工技术，详见表 4.6 至表 4.10。

表 4.6 环境保护施工技术

序号	技术名称
1	施工机具绿色性能评价与选用技术
2	建筑垃圾分类收集与再生利用技术
3	改善作业条件、降低劳动强度创新施工技术
4	地貌和植被复原技术
5	地下水清洁回灌技术
6	场地土壤污染综合防治技术
7	绿化墙面和屋面施工技术
8	现场噪声综合治理技术
9	现场光污染防治技术
10	现场喷洒降尘技术
11	现场绿化降尘技术
12	现场雨水就地渗透技术
13	工业废渣利用技术
14	隧道与矿山废弃石渣的再生利用技术
15	废弃混凝土现场再生利用技术
16	钢结构安装现场免焊接施工技术
17	长效防腐钢结构无污染涂装技术
18	植生混凝土施工技术
19	透水混凝土施工技术
20	自密实混凝土施工技术
21	预拌砂浆技术
22	自流平地面施工技术
23	防水冷施工技术
24	管道设备无害清洗技术
25	非破损检测技术
26	基坑逆作和半逆作施工技术
27	基坑施工封闭降水技术

表 4.7　节材与材料资源利用施工技术

序号	技 术 名 称
1	改善作业条件、降低劳动强度创新技术
2	信息化施工技术
3	施工机具绿色性能评价及应用技术
4	混凝土结构预制装配施工技术
5	建筑配件整体安装施工技术
6	场地硬化预制技术
7	清水混凝土施工技术
8	砌块砌体免抹灰技术
9	工业废渣利用技术
10	隧道与矿山废弃石渣再生利用技术
11	高周转型模板技术
12	自动提升模架技术
13	大模板技术
14	轻型模板开发应用技术
15	钢框竹胶板(木夹板)技术
16	新型支撑架和脚手架技术
17	建筑垃圾施工现场再生利用技术
18	废弃加气混凝土现场再生利用技术
19	塑料马镫及保护层控制技术
20	环氧煤沥青防腐带开发与应用技术
21	节材型电缆桥架开发与应用技术
22	施工现场临时设施标准化技术

表 4.8　节水与水资源利用施工技术

序号	技 术 名 称
1	现场洗车用水重复利用技术
2	现场地下水利用技术

续表 4.8

序号	技术名称
3	现场雨水收集利用技术
4	基坑施工封闭降水技术
5	基坑降水现场储存利用技术
6	非自来水水源开发应用技术
7	现场自动加压供水系统推广应用技术
8	混凝土无水养护技术

表 4.9　节能与能源利用施工技术

序号	技术名称
1	低耗能楼宇设施安装技术
2	混凝土结构承重与保温一体化施工技术
3	现浇混凝土外墙隔热保温施工技术
4	预制混凝土外墙隔热保温施工技术
5	外墙喷涂法保温隔热施工技术
6	外墙保温体系质量检测技术
7	冬季施工混凝土养护环境改进技术
8	屋面发泡混凝土保温与找坡技术
9	非承重烧结页岩保温砌体施工技术
10	现场热水供应节能减排技术
11	现场非传统电源照明技术
12	自然光折射照明施工技术
13	玻璃幕墙光伏发电施工技术
14	现场低压(36 V)照明技术
15	现场临时变压器安装功率补偿技术
16	溜槽替代混凝土输送泵技术
17	PVC 环保围墙施工技术
18	节电设备应用技术

表 4.10 节地与土地资源保护施工技术

序号	技术名称
1	现场装配式多层用房开发与应用技术
2	耕植土保护利用技术
3	地下资源保护技术
4	施工现场临时设施布置的节地技术
5	现场材料合理存放技术
6	施工场地土地资源就地利用技术
7	场地硬化预制施工技术

4.3.3 其他“四新”技术

“四新”技术包括新技术、新工艺、新材料、新设备，其他“四新”技术见表 4.11。

表 4.11 其他“四新”技术

序号	技术名称
1	临时照明免布管免裸线技术
2	废水泥浆钢筋防锈蚀技术
3	水磨石泥浆环保排放技术
4	混凝土输送管气泵反洗技术
5	塔式起重机镝灯使用时钟控制技术
6	楼梯间照明改进技术
7	废弃水泥砂浆综合利用技术
8	废弃建筑配件改造利用技术
9	贝雷架支撑技术
10	施工竖井多滑轮组四机联动井架提升抬吊技术
11	可周转的圆柱木模板施工技术
12	桅杆式起重机应用技术
13	一种用于金属管件内壁除锈防锈的技术
14	新型环保水泥搅浆器施工技术

4.4 绿色建造评价内容

2022年12月1日，由中国建筑业协会组织编制的团体标准《建筑工程绿色建造评价标准》(T/CCIAT 0048—2022)正式实施。该标准的实施，规范了建筑工程绿色建造的评价方法，促进了建筑业低碳发展，推进了以人为本的绿色建造。

4.4.1 基本规定

4.4.1.1 一般规定

(1)绿色建造应遵循以人为本、因地制宜、节约资源和保护环境的原则，立足工程实施的全过程，满足适用、经济、绿色和美观要求。

(2)绿色建造评价应对工程协同与管理、立项阶段、设计阶段和施工阶段四个部分进行评价。

(3)建设单位应对绿色建造负首要责任，工程总承包单位应对绿色建造承担主体责任。

4.4.1.2 基本要求

(1)应推进全过程工程咨询。

(2)工程绿色建造实施方案编制应考虑地域、经济、文化技术等方面的适宜性。

(3)应积极推进装配化、智能化、精益化、专业化。

(4)应积极开展科技创新和“四新”技术推广应用。

(5)如下情况不得参与绿色建造评价：

① 工程立项策划方案中无绿色建造的目标和实施路线，或要求不明确；

② 实际工程与城市规划等相关要求不符；

③ 无工程勘察资料；

④ 未实施工程总承包模式；

⑤ 未对工程进行环境影响因素分析；

⑥ 发生工程质量安全责任事故；

⑦ 发生群体传染病、食物中毒等责任事故；

⑧ 施工中出现环境污染责任事故；

⑨ 施工扰民造成严重社会影响；

⑩ 施工作业和住宿环境差，缺少应有的卫生健康设施。

4.4.2 绿色建造评价框架体系

(1)绿色建造评价三类指标：控制项、一般项和优选项。控制项是绿色建造必须达到的基本要求，一条不满足评价条件就不再往下进行；一般项是打分项，难度适中；优选项是绿色建造的较高要求，难度较大。

(2)绿色建造评价的五个要素：环境保护、资源节约、品质保障、健康与安全和技术适应性(除协同与管理外其他的立项、设计、施工三个阶段按五要素评价)。

(3)绿色建造评价应以单位工程为评价对象，评价等级分为合格、良好、优秀三个级别。

(4)单位工程绿色建造评价框架体系，如图 4.55 所示。

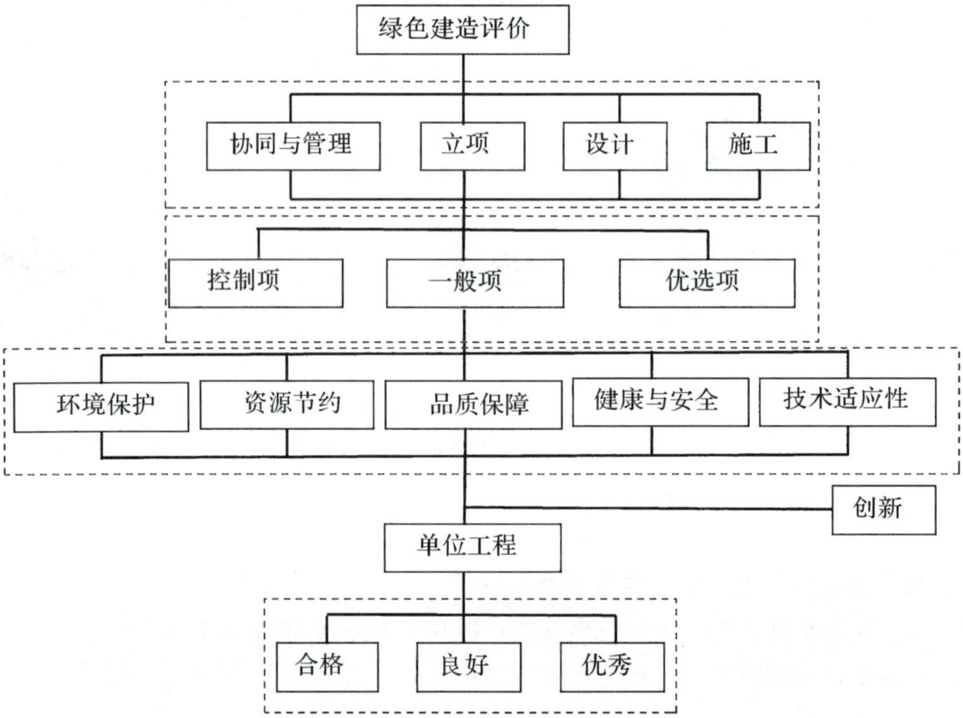

图 4.55 单位工程绿色建造评价框架体系图

4.4.3 评价方法和等级

(1)控制项为一票否决项，只要有一条不满足考评指标要求，该项目就不满足绿色建造要求，控制项评价方法应符合表 4.12 的规定。

(2)一般项和优选项都根据项目实际发生情况给予评分，每项总分 2 分，分三档计分：

完全符合考评指标要求计 2 分;措施到位,取得了一定的效果计 1 分;一点都没做或者虽然做了,但效果不理想不计分。一般项和优选项评分标准见表 4.13 和表 4.14。

表 4.12 控制项评价方法

评价要求	结论	说明
措施到位,全部满足考评指标要求	达标	进入评分流程
措施不到位,未全部满足考评指标要求	不达标	一票否决,该评价阶段不满足绿色建造要求

表 4.13 一般项评价方法

计分要求	标准分值
措施到位,满足考评指标要求	2
措施到位,基本满足考评指标要求	1
措施不到位,不满足考评指标要求	0

表 4.14 优选项评价方法

计分要求	标准分值
措施到位,满足考评指标要求	2
措施到位,基本满足考评指标要求	1
措施不到位,不满足考评指标要求	0

(3)协同与管理和各阶段得分计算方法

①一般项允许不参评项,实际得分按实际发生项折算,按下式计算:

$$A = (B/C) \times 100 \tag{4-1}$$

式中 A ——一般项折算后得分;

B——实际发生项条目实得分之和;

C ——实际发生项条目应得分之和。

例如设计阶段一般项总共 54 项,某项目实际发生项为 48 项,不参评项为 6 项,则该项目实际发生项条目应得分 C 为 $48 \times 2 = 96$ 分,若该项目专家设计阶段一般项评分 B 为 86 分,则该项目设计阶段一般项最终得分 A 为 $(86 \div 96) \times 100 = 89.58$ 分。

②优选项不考虑不参评项,直接按实际得分计算,如某项目专家设计阶段优选项评分为 4 分,则该项目设计阶段优选项得分 D 即为 4 分。

③协同与管理和各阶段评分为一般项与优选项之和，按下式计算：

$$E=A+D \tag{4-2}$$

式中 E ——协同与管理和各阶段评价得分；

D ——优选项实际发生条目加分之和。

如某项目设计阶段一般项折算分 A 为 89.58 分，优选项得分 D 为 4 分，则该项目设计阶段评分 E 为 89.58＋4＝93.58 分。

④协同与管理和各阶段控制项全部满足要求时可申请单位工程评价。协同与管理和各阶段加权合计得分按下式计算：

$$F=\sum(E\times q) \tag{4-3}$$

式中 F—— 协同与管理和各阶段加权合计得分；

q—— 权重系数，按表 4.15 选用。

表 4.15 单位工程部分权重系数表

部分	权重系数(%)
协同与管理	20
立项	20
设计	30
施工	30

⑤创新指标按实际发生累计得分，创新指标每一项最高加 1 分，但总分不超过 10 分，审查相关的评审材料，评分标准见表 4.16。

表 4.16 创新指标评价方法

计分要求	标准分值
评审材料完整，成效显著	1
评审材料基本完整，成效一般	0.5
评审材料不完整，成效不显著	0

⑥单位工程绿色建造得分按下式计算：

$$W=F+G \tag{4-4}$$

式中 W ——单位工程绿色建造得分；

G ——创新指标加分。

⑦单位工程绿色建造等级分为合格、良好、优秀三个等级，分别满足表 4.17 的规定。

表 4.17 绿色建造单位工程评价等级

级别		合格	良好	优秀
控制项		√	√	√
评价得分	协同与管理	≥60	≥60	≥60
	立项	≥60	≥60	≥60
	设计	≥60	≥60	≥60
	施工	≥60	≥60	≥60
创新指标		≥1	≥2	≥3
总分		$60 \leqslant W < 75$	$75 \leqslant W < 90$	$W \geqslant 90$

注:协同与管理和各阶段指标得分均应在 60 分以上。

4.4.4 评价组织与程序

4.4.4.1 评价组织

(1)绿色建造评价包括自评价和第三方评价。

(2)协同与管理宜由工程总承包方组织。

(3)立项阶段宜由建设方组织。

(4)设计阶段宜由工程总承包方或设计方组织。

(5)施工阶段宜由工程总承包方或施工方组织。

(6)单位工程自评价由建设方组织,各相关方应参与。

(7)第三方评价机构一般指在民政部门登记的非盈利社会团体组织。第三方评价仅对单位工程进行评价。评价机构应邀请相关技术领域的专家,组成专家组进行评价。第三方评价中,工程建造相关方应参与。

(8)相关方包括建设单位、全过程咨询单位、工程总承包单位、设计单位、监理单位、施工单位等,应根据具体的情况,相关方参与评价。

4.4.4.2 评价程序

(1)工程建造过程有很多关键节点,在开始下一节点工作前,应对本节点完成的工作进行自评价,工程立项自评价宜对项目建议书(可行性研究报告)和设计任务书进行评价;工程设计自评价宜对方案设计、初步设计、施工图设计进行评价;工程施工自评价宜对地基与基础工程、主体工程和装饰装修与安装工程进行评价;协同与管理自评价宜结合工程进展开展。各阶段也可根据工程实际情况增加或调整评价次数和时间。尽早发现问题，并进行相应的整改，避免问题积累，使工程建造后期难以改正。

（2）单位工程自评价应在各阶段自评价的基础上进行，单位工程自评价前还应进行创新指标自评价。自评价均是为了实施单位找出问题，整改提高。

（3）工程实施方申请第三方单位工程评价是自愿行为，向第三方提供规定的相关资料。

（4）单位工程第三方评价需要在工程竣工交付后才能评价，同时应已开展各阶段自评价且单位工程自评价的结果达到了良好及以上。

4.4.4.3 评价资料

（1）在工程建造过程中要记录、采集、统计、归纳、保存能反映绿色建造实施过程的有关资料，用于各阶段自评价、单位工程自评价和第三方评价对条文完成程度评价的佐证。

（2）佐证资料形式包括文本、图片、影像、平台、实物等。佐证资料要有说服力，不得事后编造。

（3）单位工程自评价应完成自评价报告和有关评价表，汇集有关佐证材料。资料应包括：

①绿色建造单位工程自评价报告；

②绿色建造基本要求指标评价表；

③绿色建造协同与管理和各阶段指标评价表；

④绿色建造创新指标评价表；

⑤绿色建造单位工程评价表；

⑥实施本标准有关条文的佐证资料；

⑦需要提供的其他资料。

【扫码演示】

4.4.5 协同与管理

4.4.5.1 三类指标

协同与管理控制项、一般项、优选项三类指标如表4.18所示。

表4.18 协同与管理三类指标

控制项	①应建立工程总承包组织机构，组建管理团队，实现全过程协同管理
	②应建立工程总承包管理制度，构建多方协作的联动机制
	③应建立项目立项、设计与施工一体化的组织管理体系
	④应建立工程建造协同管理平台

续表 4.18

一般项	①工程总承包合同中明确规定工程总承包的范畴、管理费用和相关方责任
	②工程总承包项目部设置工程项目设计负责人岗位及相应管理机构和人员
	③工程项目设计负责人根据绿色建造影响因素的分析结果，对立项文件及设计任务书提出优化建议
	④工程项目设计负责人组织编制工程项目技术规则书，对工程项目进行总体设计策划，贯彻落实既定的经济技术指标要求，在实施前对各参建方进行设计交底
	⑤技术规则书内容明确绿色设计目标与实施路径、绿色设计重点内容与关键性能指标、绿色建材产品应用比例等要求
	⑥工程立项、方案设计、初步设计和施工图设计过程中，工程总承包方组织建设相关方参与讨论，并有会议记录
	⑦实现建筑信息模型(BIM)全专业覆盖设计
	⑧施工临时设施与永久性设施结合利用
	⑨建立投资、设计、施工等建设相关方参与的综合会审制度，并保存会审相关记录
	⑩建立设计变更协同机制，综合考虑性能、成本等因素，优化设计方案
	⑪ 工程总承包方组织专业分包按工程总体要求进行深化设计和施工方案审查
	⑫ 工程总承包方组织对建筑机电系统进行全过程综合调试
优选项	①采用建筑师负责制、工程全过程咨询等模式，并提供相应的费用
	②工程建造协同管理平台包含建造全过程碳排放管理功能
	③工程建造协同管理平台涵盖工程建造全过程、多要素和多参与方的管理
	④采用建筑信息模型(BIM)正向设计

4.4.5.2 评价方法

(1)查阅工作团队组建方案、项目管理文件、相关制度文件、会议记录、相关合同等相关资料。

(2)查阅设计任务书、技术规划书、相关图纸、设计文件、设计变更(管理、审批、论证)文件、深化设计文件、审查文件等相关资料。

(3)查阅 BIM 专项实施方案、BIM 正向设计方案、过程资料、三维数据模型等相关资料。

(4)查阅施工方案、永临结合专项方案、现场施工过程记录等相关资料。

(5)查阅各阶段综合效能调试工作记录、整改通知单、检查记录、培训记录及培训使用手册、综合效能调试计划、最终综合效能调试报告、最终遗留问题解决方案等相关资料。

(6)查阅项目建议书、可行性研究报告、委托合同、过程管理文件等相关资料。

(7)工程建造协同管理平台相关资料。

4.4.6 立项阶段

4.4.6.1 三类指标

立项阶段控制项、一般项、优选项三类指标如表 4.19 所示。

表 4.19 立项阶段三类指标

控制项	①应编制工程建设的立项资料，包括项目建议书、项目可行性研究报告、项目申请书、项目设计任务书、工程项目规划定点要求等相关专项报告
	②项目建议书、项目可行性研究报告、项目申请书、项目设计任务书和相关专项报告等立项资料均应明确绿色建造目标，体现相应要求
	③位于生态敏感地区的场地，应进行生态与环境影响评价，提出生态补偿和修复方案
	④应对工程项目进行技术经济综合分析
一般项	环境保护
	①利用场地原有人文和自然要素，减少建造对场地及周边环境、生态系统的改变
	②尊重和保护传统建筑和场所，协调建筑风格，延续和发扬区域历史文化特色
	③因地制宜，设置渗、滞、蓄、净、用、排等海绵城市的设施
	④合理设置绿化用地和配置植物种类
	⑤确定工程固体废弃物减排，噪声、扬尘、污水、光污染和废气排放控制，地下水保护等目标
	⑥制定全寿命周期碳减排策略，明确目标
	资源节约
	①集约用地、合理控制规模，合理开发地下空间
	②提出可循环材料使用及建筑拆除材料再生利用的要求
	③制定建筑全寿命周期的能源高效利用计划
	④提出清洁能源开发利用的方式方法
	⑤制定建筑全寿命期的水资源高效利用计划
	⑥提出废水回收利用的方式方法
	品质保障
	①因地制宜，合理确定绿色建造的指标要求
	②提出与区域协同的交通分析和改善方案
	③提出与区域协同的配套设施方案
	④提出工程可扩展性、可改造性的要求
	⑤提出绿色低碳建材和设备的选用要求

续表 4.19

一般项	健康与安全
	①提出健康与安全保障的目标要求
	②对拟选场地的危险源、污染源、辐射源、噪声源等进行评估，提出场地的修复要求
	③工程项目的规划布置避免造成城市的热岛效应
	④对工程项目的室内舒适度提出要求
	⑤提出无障碍设施设置的要求和技术适应性
	技术适应性
	①因地制宜，进行工程概念设计方案的比选
	②采用装配式结构
	③因地制宜提出智能化技术应用要求
优选项	①提出工程建造协同管理平台要求
	②对工程项目进行全寿命期的碳排放估算
	③提出实施智能建造的路线图
	④采用装配式装修技术

4.4.6.2 评价方法

查阅项目建议书、项目申请书、项目可行性研究报告、项目设计任务书、项目规划定点申请报告、环境影响报告等相关资料。

4.4.7 设计阶段

4.4.7.1 三类指标

设计阶段控制项、一般项、优选项三类指标如表 4.20 所示。

表 4.20 设计阶段三类指标

控制项	①应采用与工程立项和施工全过程协同的一体化设计
	②应采用全专业协同设计，实施绿色建筑技术策略
	③应结合建筑全寿命周期的环境效益进行分析
	④应采用有利于精益化建造全过程的投资和碳排放限额设计
一般项	环境保护
	①利用和保护场地现有自然资源和既有设施
	②进行海绵城市和雨水综合利用专项设计

续表 4.20

一般项	③采用绿化、低辐射材料等措施，降低场地热岛强度
	④避免建筑对环境产生光污染
	⑤选择易维护的当地植物物种
	⑥对场地生活垃圾分类收集、运输和处理进行规划设计
	资源节约
	①合理利用地下空间
	②采用清洁能源技术
	③优化用能空间，有效利用天然采光、自然通风
	④建筑围护结构的热工性能满足节能目标
	⑤采用高能效冷热源设备，采取降低空调末端和输配系统能耗的措施
	⑥设置新风热回收系统
	⑦采用节能型电气设备和节能控制措施
	⑧采用智能照明控制系统
	⑨采用能源管理系统
	⑩建筑形体规则、结构选型合理
	⑪ 采用高强、高性能材料
	⑫ 优先选用当地建筑材料
	⑬ 采用非传统水源
	⑭ 选用高效节水型卫生器具
	⑮ 绿化用水采用节水技术
	品质保障
	①场地人车分流，合理设置停车设施
	②公共服务设施齐全，布局合理
	③设置充电桩
	④建筑功能布局合理，交通流线组织有序
	⑤主要功能空间具有良好视野，满足私密性要求
	⑥采用楼宇设备智能控制系统
	⑦设置室内环境品质的多模式调节工况
	⑧选择绿色产品认证标识的建材和部品
	⑨采取部品部件耐久性措施，合理设置耐久年限
	⑩设置建筑室内外标识系统

续表 4.20

一般项	健康与安全
	①建筑室内外空间设置无障碍系统
	②室内外设置健身场所或健身步道
	③采取防止高空坠落、跌落的技术措施
	④设置室内环境质量监测和联动装置，室内热湿环境、新风系统满足健康要求
	⑤各功能空间和场地照明符合现行健康建筑标准不同等级的要求
	⑥室内噪声级和隔声性能符合现行健康建筑标准不同等级的要求
	⑦设置垃圾分类和直饮水设施
	⑧生活和其他用水的水质等符合现行健康建筑标准不同等级的要求
	技术适应性
	①采用建筑光伏一体化系统
	②建筑结构、围护和内装部品采用标准化技术
	③采用工业化预制构件和内装部品的装配化技术
	④选用木结构或钢结构技术
	⑤进行装配式建筑构造节点、部品部件加工工艺深化设计
	⑥选用以废弃物和建筑垃圾为原料生产的利废建材
优选项	①计算建筑全寿命周期碳排放值，提出减碳措施
	②采用精益化协同设计平台系统
	③采用全过程建筑信息模型(BIM)的正向设计，实现建造全过程信息传递
	④对新技术进行试验或模拟验证
	⑤采用建筑全寿命周期的建筑师负责制，设计取费与其工作内容相适应
	⑥采用储电、蓄热等储能技术

4.4.7.2 评价方法

(1)查阅协同目标文本、正向协同设计计划与分工文本、协同过程工作记录、精益化技术选择过程记录文本等相关资料。

(2)查阅规划许可的设计条件、设计文件、设计图纸、计算书、施工图、竣工图等相关资料。

(3)查阅环评报告、性能分析报告、经济效益分析报告、碳排放量计算报告、绿色建筑技术策略应用报告、场地分析报告、海绵城市和雨水综合利用专项设计报告、热岛强度模拟分析报告、光污染分析专项报告、天然采光模拟分析报告、自然通风模拟分析报告、建筑综合能耗节能率分析报告、噪声分析报告、室内噪声级检测报告、各类用水的水质检测报告等相关资料。

(4)查阅主要产品清单、系统说明书、选材说明文件、产品型式检验报告、材料检测报告、工程决算材料清单、绿色建材标识证书等相关资料。

(5)查阅建筑、环卫等专业的垃圾收集、处理设施的竣工文件，垃圾管理制度文件，垃圾收集运输整体规划等相关资料，并现场核查。

(6)查阅管理制度、历史监测数据、运行记录等相关资料。

(7)评价查阅协同设计平台技术应用报告、BIM 技术应用报告等相关资料。

(8)查阅图像资料，并现场核实。

4.4.8 施工阶段

4.4.8.1 三类指标

施工阶段控制项、一般项、优选项三类指标如表 4.21 所示。

表 4.21 施工阶段三类指标

控制项	①应建立绿色施工管理体系和管理制度，明确绿色施工管理职责
	②应进行绿色施工影响因素分析，明确绿色施工目标
	③施工组织设计和施工方案应包含绿色施工章节
	④应采用工程建造协同管理平台进行施工管理
一般项	环境保护
	①施工现场采取洒水、隔挡和覆盖等措施
	②细散颗粒材料、易扬尘材料封闭运输和存储
	③对施工现场产生的废气进行处理
	④对施工过程中使用的高噪声施工机械设备采取隔声、隔振等措施
	⑤施工场界环境噪声排放昼间不超过 70 dB(A)，夜间不应超过 55 dB(A)
	⑥采取限时施工、遮光和全封闭等措施
	⑦采取有效措施保护土壤和周边水环境
	⑧基坑降排水施工减少对周边环境的影响，施工过程中应实时监测周边环境和地下水位
	⑨现场工程污水、废水应处理合格后排放
	⑩制定施工现场建筑垃圾减量化计划，并对建筑垃圾进行分类收集、专业外运和处理
	⑪ 施工现场的建筑垃圾应资源化利用，回收利用率达到 30%
	⑫ 选用绿色建材、部品、设备等

续表 4.21

一般项	资源节约
	①合理布置临时用电线路，选用节能型施工器具
	②工程施工现场分区装设能源计量器具，并对生产区、办公区、生活区分别计量并统计分析
	③主要建筑材料的运输半径不大于 500 km
	④采用节水的施工工艺和节水器具
	⑤对雨水、中水或其他可利用水资源进行合理收集利用
	⑥采用工具化、标准化、可重复利用的施工临时设施
	⑦采用工厂化加工部品部件，现场装配化施工
	⑧动态布置施工现场，合理用地，减少占地
	⑨采用 BIM 技术模拟施工过程，优化施工方案
	品质保障
	①工程使用的材料、设备和构件应按相关规范进行抽样复验，验收合格后方可投入使用
	②地下室、屋面和卫生间及其他有防水要求的部位无渗漏
	③外墙、隔墙、楼板和门窗的隔声性能指标满足设计要求
	④委托有资质的单位对外墙的节能构造和外门窗气密性、水密性、抗风压性、热工性能进行实体检验，并出具报告
	⑤对工程机电系统进行系统调试和联合调试，使其达到相应的国家现行质量验收标准
	⑥施工过程中和竣工交付前做好成品保护
	健康与安全
	①制定消防疏散、卫生防疫、职业健康安全管理制度和突发事件应急措施，并落实各级责任人
	②制定污染源和危险源安全生产专项方案，并严格按专项方案实施
	③施工现场应按规范设置安全防护设施，保证作业环境安全
	④用人单位应合理配备个人劳动防护用品和卫生防疫用品、并指导从业人员正确使用。定期对从事有职业病危害作业的人员进行职业健康培训和体检
	⑤在通风不良的工作空间设置通风设施，降低扬尘、有害挥发性气体浓度
	⑥竣工交付前，委托有资质的单位对室内环境质量进行检测，并出具检测报告
	⑦竣工交付前，委托有资质的单位对用水质量进行检测，并出具检测报告
	技术适应性
	①对施工图进行深化设计，使其具有技术可行性和工程可建造性
	②根据工程特点，对施工工艺、施工机械进行技术分析，选择合理的施工方案
	③项目使用的材料、设备满足设计要求，符合项目地域性要求
	④推广使用的“四新”技术应满足设计要求和相关技术标准的规定，符合适用性要求

续表 4.21

优选项	①建筑垃圾回收利用率达到50%
	②项目采用节能设施设备的数量占比大于70%，现场结合当地资源条件利用太阳能或其他可再生能源
	③采用物联网技术，实现构件、机械的智能管理
	④采用工程建造协同管理平台，进行工程全过程、多要素和多参与方的施工管理

4.4.8.2 评价方法

(1)查阅项目绿色施工管理的制度文件、绿色施工管理机构文件等相关资料。

(2)查阅施工组织设计和施工方案中的绿色施工章节，应包含绿色施工影响因素分析和目标要求。

(3)查阅抑尘措施的实施记录、废气检测记录、废气处理记录、机械设备隔声隔震措施实施记录、噪声监测记录、土壤保护与水土保持计划、地下水位相邻地表与建筑物沉降的监测报告、经处理污水废水排放的水质检测记录、建筑垃圾的收集外运和处理记录、建筑垃圾的回收利用比例计算书、分区用能监测记录、能源计量器具的安装证明、施工现场500km内的建筑材料使用比例计算书、预制率计算书、项目节能设施比例计算书、查阅水表计量报告、水资源综合利用记录等相关资料。

(4)查阅绿色建材部品设备的供应商名录及采购记录、节能器具采购清单及产品合格证、材料设备和构件进场验收记录、质量证明文件和复验报告、外墙节能构造检测报告、外门窗“三性”试验检测报告、通风记录及有害气体监测记录、室内环境质量检测报告、隔声性能检测记录等相关资料。

(5)查阅机电系统综合调试和联合运转方案及技术要点、调试运转记录、系统调试和联合调试报告等相关资料。

(6)查阅设计图纸、平面布置方案及影像资料、施工临时设施的现场照片、项目BIM施工模拟方案 、深化设计文件及优化实施方案(施工方案与施工工艺)、成品保护的工程照片及竣工交付前的检查维护记录等相关资料。

(7)查阅本地生产的材料、设备使用台账，进场及复验报告，产品检验合格证，施工机械的技术分析报告等相关资料。

(8)查阅新技术、新材料、新工艺、新设备的推广使用文件、进场复验报告、评审及备案记录等相关资料。

(9)巡查消防设施、应急设施和卫生防疫物资的配备情况，查阅应急管理制度和应急预案、专项方案、重大危险源公示牌等相关资料。

(10)查阅劳动保护用品、卫生防疫用品使用情况，职业健康培训和体检记录等相关资料。

(11)查阅建筑垃圾回收处理设施、可再生能源设施的影像资料。

(12)查阅物联网设备的运行记录及监测记录等相关资料。

(13)巡查施工现场,查阅相关图像资料。

4.4.9 创新评价指标

绿色建造鼓励科技创新,从技术和管理两个方面对实施过程中的创新活动进行加分奖励。

4.4.9.1 指标要求

(1)采用工程立项、设计、采购和施工(PEPC)承包模式。

(2)进行工程建造全过程、全要素、全参与方协同管理平台建设。

(3)采用装配式建造技术:主体结构采用装配式构件的比例不低于70%,采用建筑装修部品3种以上且均占同类部品用量的比例不低于50%。

(4)采用楼宇设备及系统智能化集成控制技术。

(5)采用低碳建材、低碳设备应用与建筑立体绿化技术。

(6)采用建筑垃圾减量化及回收再利用技术:在设计阶段开展建筑垃圾减量化设计,施工阶段建筑垃圾排放量小于150 t/万 m^2,回收利用率不小于80%。

(7)采用人力资源保护及高效使用技术;使用两种以上建筑机器人施工。

(8)采用地下水资源保护及基坑施工封闭降水技术。

(9)采用清洁能源开发和非传统资源高效利用等减碳建造技术。

(10)采用绿色性能优良的其他技术;施工中采取措施节约材料、能源等,使其损耗率比定额损耗率降低50%。

4.4.9.2 评价方法

(1)查阅项目PEPC承包模式全套管理文件及运行记录。

(2)查阅项目管理文件及执行记录、建造过程等相关管理资料。

(3)查阅项目主体结构构件装配率计算书、装修部品用量占比计算书等相关资料。

(4)查阅项目楼宇设备及系统智能化设计文件及施工记录,并现场查看楼宇智能化运行状况及运行记录等相关资料。

(5)查阅设计文件、施工过程文件、减碳计算书等佐证材料并现场核查。

(6)查阅设计及施工阶段建筑垃圾减量化措施及措施实施情况、建筑垃圾产量及回收利用量统计记录等相关资料。

(7)查阅与机器人施工相关的施工记录及影像资料。

(8)查阅与地下水资源保护和封闭降水相关的设计文件、施工记录等佐证材料。

(9)查阅清洁能源等减碳技术相关的设计文件、施工记录、统计资料等佐证材料。

(10)查阅主要建筑材料损耗率计算书。

4.4.9.3 评价说明

因为创新的先进性很难通过单一的数据或者现象进行判别,因此要求申请单位提供综合性评价资料,资料应包含技术的合理性分析、技术应用的相关佐证以及技术应用效果的数据支撑等。

思　考　题

(1) 试简述绿色建造技术发展主题。

(2) 施工图绿色设计技术中环境保护技术有哪些?

(3) 绿色施工技术中环境保护技术有哪些?

(4) 其他“四新”技术有哪些?

(5) 试简述绿色建造评价框架体系。

5 绿色施工

5.1 绿色施工的概念和原则

5.1.1 绿色施工的概念

《建筑工程绿色施工规范》(GB/T 50905—2014)中指出,绿色施工是指在保证工程质量、安全等基本要求的前提下,通过科学管理和技术进步,最大限度地节约资源,减少对环境的负面影响,实现节能、节材、节水、节地和环境保护的建筑工程施工活动。

5.1.2 绿色施工的原则

【扫码演示】

实施绿色施工,应依据以人为本、环保优先、资源高效利用、精细施工、因地制宜等原则,贯彻执行国家、行业和地方相关的技术政策,符合国家的法律法规及相关的标准规范,实现经济效益、社会效益和环境效益的统一。

(1) 以人为本

绿色施工把关注资源节约和保护人类的生存环境作为基本要求,把人的因素摆在核心位置,关注施工活动对其生产生活的负面影响(既包括对施工现场内的相关人员的负面影响,也包括对周边人群和全社会的负面影响),把尊重人、保护人作为主旨,以充分体现以人为本的根本原则,实现施工活动与人和自然和谐发展。

(2) 环保优先

自然生态环境质量直接关乎人类的健康,影响着人类的生存与发展,保护生态环境就是保护人类的生存和发展。工程施工活动对环境有较大的负面影响,因此,绿色施工应秉承“环保优先”的原则,强调施工现场内建筑垃圾的可再生利用和施工现场外的综合利用,把施工过程产生的烟尘、粉尘、固体废弃物等污染物,以及振动、噪声和强光直接刺激感官的污染物控制在允许范围内,这也是绿色施工中“绿色”内涵的直接体现。

(3) 资源高效利用

资源的可持续性是人类发展可持续性的主要保障。建筑施工行业是典型的资源消耗型产业。我国作为一个发展中的人口大国,在未来相当长的时期内建筑业还将保持较大规模的增长,必将消耗数量巨大的资源。绿色施工要把改变传统粗放的生产方式作为基本目标，把高效利用资源作为重点，坚持在施工活动中节约资源、高效利用资源，开发利用可再生资源，推动我国工程建设水平持续提高。

（4）精细施工

精细施工可以有效减少施工过程中的失误，减少返工，从而减少资源浪费。因此，绿色施工应坚持精细施工的原则，将精细化理念融入施工过程中。通过精细策划、精细管理、严格规范标准、优化施工流程、提升施工技术水平、强化施工动态监控等方式方法，促使施工方式由传统高消耗的粗放型、劳动密集型向资源集约型和智力、管理、技术密集型的方向转变，逐步践行精细施工。

（5）因地制宜

绿色施工必须实事求是，从实际出发，不做表面文章，讲求实效，不追求复杂技术的简单堆积，应该针对当时工程所在地的实际情况，认真做好绿色施工影响因素分析，依据影响因素“因地制宜”地搞好策划并扎扎实实做好，切实实现资源节约。保护环境的预期目标切忌不顾环境实际，简单照搬外地做法等不求实际的情况发生。因此，绿色施工必须坚持“因地制宜”的原则。

5.2 绿色施工总体框架

绿色施工总体框架由施工管理、环境保护、节材与材料资源利用、节水与水资源利用、节能与能源利用、节地与施工用地保护六个方面组成，如图 5.1 所示。绿色施工从以上六个方面对绿色施工的策划、实施到最终评价的各阶段，包括物资采购、资源配置等环节进行规范。

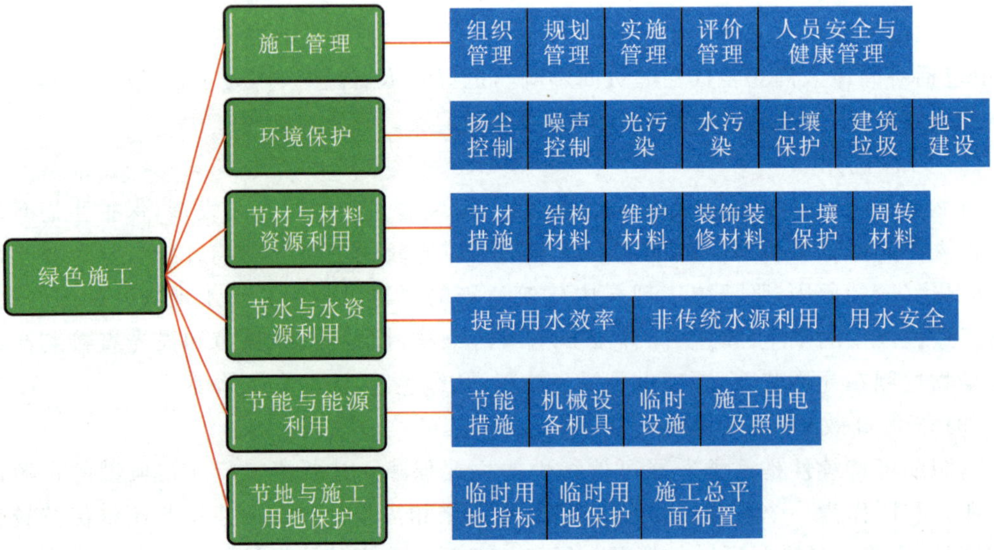

图 5.1 绿色施工总体框架

5.3 绿色施工的发展情况

5.3.1 绿色施工的国外发展情况

整体来看，国外绿色施工技术研究时间比较长，开展研究的时间比较早，因此在这方面处于领先地位。绿色建筑概念虽然到 1992 年才明确提出，但经历了漫长的孕育和发展过程。Charles J. Kibert 在 1993 年提出了绿色建筑在环境保护中的重要作用，并首先提出了建筑业可持续发展的概念。20 世纪 30 年代，Fuller 提出了以最低的造价建造建筑产品，即使用最合理的设计来达到人类生存需求与有限物质资源之间的平衡。科学家 Patrick T. I. Laln 也曾发表过《环境管理体系与绿色规范：它们在建筑业中如何互补》和《影响绿色建筑实施的因素》两篇文章，提出了环境管理体系(EMS)的概念，认为通过完善环境管理体系，增加公众参与程度，促进绿色施工技术的研究开发，可以达到推广绿色规范和环境知识的目的。G. Bassioni 在关于绿色建筑的研究中，主张应用技术创新来改善建筑材料，以实现节能和减排的目的。M. Shahin 则论述了绿色施工对整个施工过程的影响，他的研究结果表明：施工企业在参与绿色建设项目的过程中，在一定程度上改变了其投标报价、施工管理甚至收入模式。Jana 总结了施工企业在实施绿色施工过程中遇到的主要障碍。Mercedes 认为欧洲一些国家在建设过程中垃圾回收率低，并试图提出一些措施和策略来改变这种状况，同时，他认为政府部门应该意识到可以全面有效地管理整个施工过程。Czarnecki 认为绿色建筑应从材料、能源、环境条件、建筑垃圾回收利用、噪声防治等方面加以研究，使建筑业这样一个高能耗、高污染的产业向着绿色建筑方向发展。

近年来，西方国家加大了对绿色建筑产品的财政投入，对绿色建设项目给予了一定的税收优惠政策，西方国家称之为“绿色税”。正是由于政府的这种行动，西方国家加快了绿色建设项目的推广，实施效果比较令人满意。例如，加拿大政府规定，办公、商业等有绿色建筑标志的公共建筑及其投资者将享受税收优惠政策。在这样的氛围下，许多国家都涌现出了独特的绿色建筑。进入 21 世纪，随着人们对可持续发展的认识越来越成熟，人们对建筑领域中的绿色建筑概念有了更深的认识，对绿色施工也有了更深的理解。

5.3.2 绿色施工的国内发展情况

中国在绿色建筑研究上起步较晚，落后于西方国家。1994 年 5 月颁布的《中国 21 世纪议程》是第一部提出中国可持续发展战略的文件，长期以来一直指导着中国社会经济发展，同时也为工程项目实施绿色作业提供了明确的指导。2003 年，北京奥组委组织编制了《奥运工程绿色施工指南》，实现了绿色奥运，这在一定程度上预示着绿色建设将成为国内建设的一大趋势。

2004 年，国家有关部门编制的《建设部关于技术项目推广、应用和限制或者禁止的第 218 号公告》列出了具体推广、限制和禁止的技术项目，共计 208 项，并进一步加强对新建筑技术的指导。

建设部于 2005 年 10 月颁布的《绿色施工导则》对绿色建筑的全面实施进行了引导，为绿色建筑提供相应的标准，具有较强的指导意义。导则中包含绿色施工的内容，它给出了绿色施工大的框架及其要点，为后面绿色施工的研究提供了相应的基础，是中国第一部比较清楚地指导绿色施工的文件。导则为绿色施工在国内的推行提供了一个良好的依据，可以较好地用于指导工程的绿色施工。在《绿色建筑技术手册：设计、施工和运行》中，作者对绿色建筑进行了详细的描述，并对绿色建筑的各个环节进行了探讨，是国内外绿色建筑推荐的一项比较全面的绿色施工指导文件，从技术和操作层面指导了绿色施工的实施。

2008 年，为了贯彻建设项目“节约物力、水资源、能源、土地和环境保护”的技术经济政策，北京市颁布了《绿色施工管理条例》，明确了建设责任，包括建设单位、施工单位和监督单位的责任，以及建设阶段节约资源、保护环境的要求。同年，中国政府为奥运项目建立了一系列绿色体系，如《奥运改扩建项目环境保护指导方针》和《奥运建设项目环境保护指导方针》。上述指导方针对我国绿色建设领域具有借鉴意义，也为我国绿色建设提供了良好的信息资料。

目前，我国正处于基础设施建设的快速发展时期，建设用地众多，环境复杂，环境影响的内容涉及面广。同时，承包商对绿色施工技术的态度相对消极，观念相对单一，不够全面，不能根据工程实际情况积极应用绿色施工，这就需要采取更多的措施才能达到推广的目的。真正的绿色施工必须是一个整体，采取绿色方式，需要全面而系统的施工组织设计。

【扫码演示】

2014 年，中华人民共和国住房和城乡建设部发布的《建设工程绿色施工规范》(GB/T 50905—2014)则进一步提高了绿色施工的行为准则，至此，我国才形成了关于“绿色施工”的系统性、政策性的文件和体系。

5.4 绿色施工的内容

5.4.1 基本规定

绿色施工的基本规定包括组织与管理、资源节约、环境保护三方面内容。其中，组织与管理包括建设单位应履行的职责、设计单位应履行的职责、监理单位应履行的职责、施工单位应履行的职责、参建各方应履行的职责等内容。

5.4.1.1 组织与管理

(1) 建设单位应履行的职责

① 在编制工程概算和招标文件时，应明确绿色施工的要求，并提供包括场地、环境、工期、资金等方面的条件保障。

② 应向施工单位提供建筑工程绿色施工的设计文件、产品要求等相关资料，保证资料的真实性和完整性。

③ 应建立工程项目绿色施工的协调机制。

(2) 设计单位应履行的职责

① 应按国家现行有关标准和建设单位的要求进行工程的绿色设计。

② 应协助、支持、配合施工单位做好建筑工程绿色施工的有关设计工作。

(3) 监理单位应履行的职责

① 应对建筑工程绿色施工承担监理责任。

② 应审查绿色施工组织设计、绿色施工方案或绿色施工专项方案，并在实施过程中做好监督检查工作。绿色施工组织设计与绿色施工方案为配套使用的技术文件，绿色施工专项方案是与传统施工组织设计和施工方案配套使用的技术文件。

(4) 施工单位应履行的职责

① 施工单位是建筑工程绿色施工的实施主体，应组织绿色施工的全面实施。

② 实行总承包管理的建筑工程，总承包单位应对绿色施工负总责。

③ 总承包单位应对专业承包单位的绿色施工实施管理，专业承包单位应对工程承包范围内的绿色施工负责。

④ 施工单位应建立以项目经理为第一责任人的绿色施工管理体系，制定绿色施工管理制度，负责绿色施工的组织实施，进行绿色施工教育培训，定期开展自检、联检和评价工作，如图 5.2 至图 5.4 所示。对现场作业人员的教育培训应包括与绿色施工有关的法律法规、规范规程等内容。

⑤ 在绿色施工组织设计、绿色施工方案或绿色施工专项方案编制前，应进行绿色施工影响因素分析，并据此制定实施对策和绿色施工评价方案。

(5) 参建各方

应积极推进建筑工业化和信息化施工。建筑工业化宜重点推进结构构件预制化和建筑配件整体装配化，它们是推进绿色施工的重要举措，应积极推进。

(6) 其他内容

① 应做好施工协同，加强施工管理，协商确定工期。确定合理工期，强调参建方的协作与配合，是绿色施工推进的重要方面。

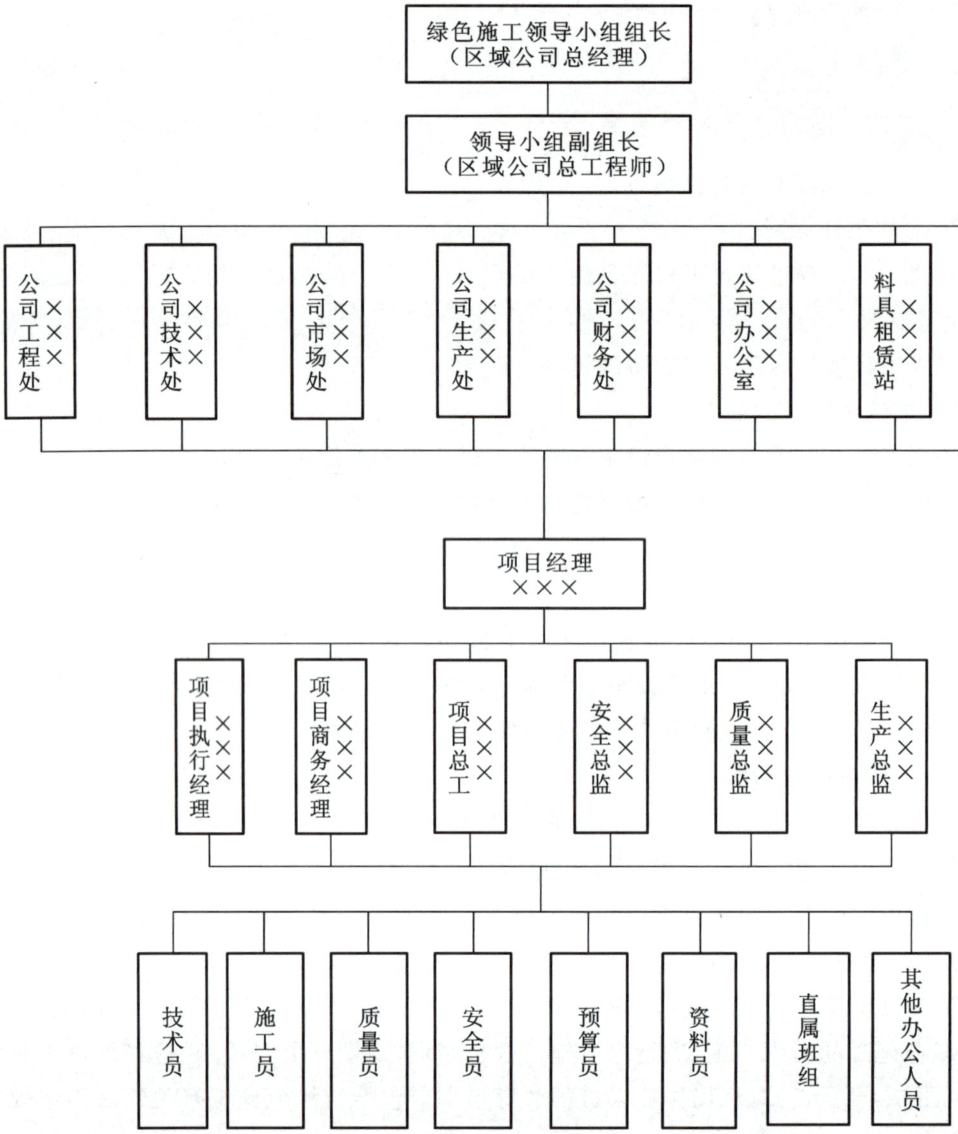

图 5.2　绿色施工管理体系

② 施工现场应建立机械设备保养、限额领料、建筑垃圾再利用的台账和清单。工程材料和机械设备的存放、运输应制定保护措施，如图 5.5 所示。

③ 施工单位应强化技术管理，绿色施工过程技术资料应收集和归档。

④ 施工单位应根据绿色施工要求，对传统施工工艺进行改进，如图 5.6 所示。施工企业应针对绿色施工总体要求，结合具体工程的实际情况，积极应用住房城乡建设部发布的《建筑业 10 项新技术》，组织专门人员进行传统施工技术绿色化改造，开发岩土工程、主体结构工程、装饰装修工程、机电安装工程和拆除工程等不同领域的绿色施工技术并实

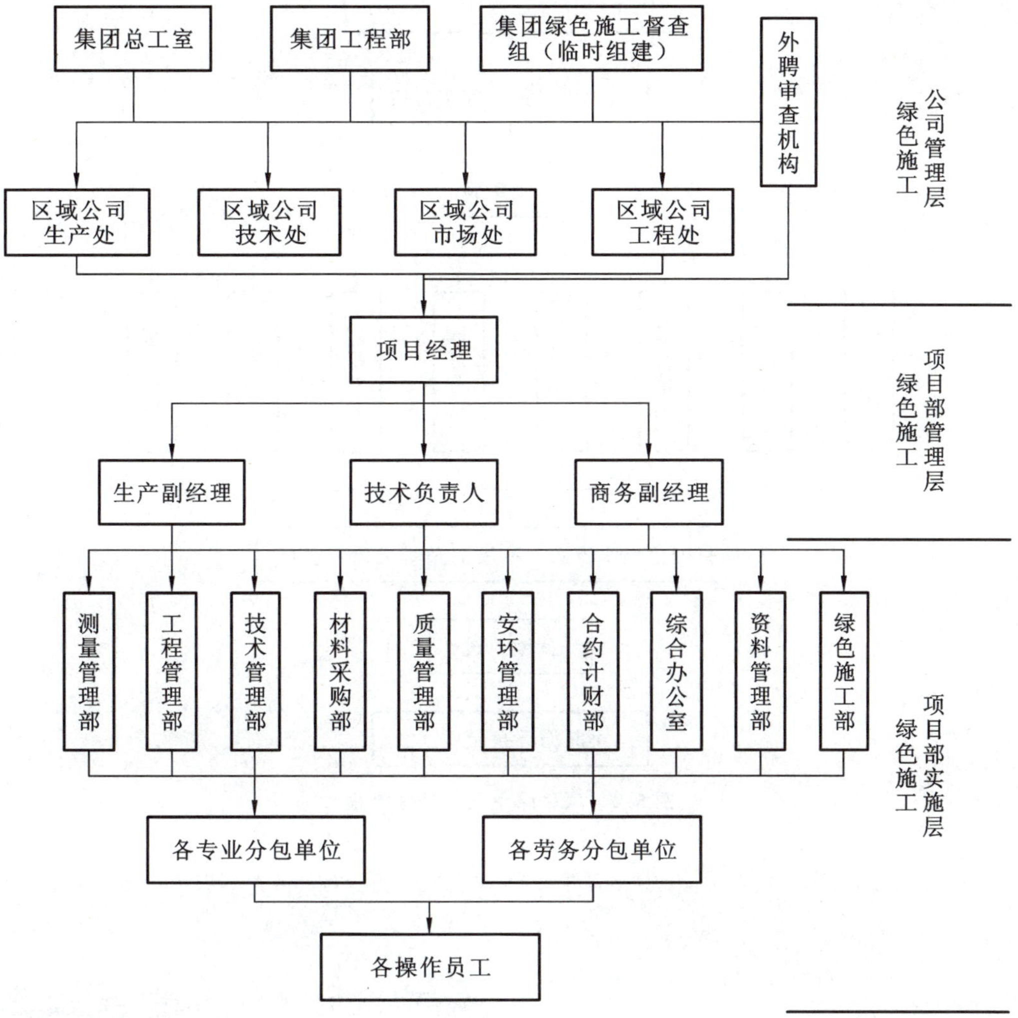

图 5.3　项目绿色施工保障体系

际实施。

⑤ 施工单位应建立不符合绿色施工要求的施工工艺、设备和材料的限制、淘汰等制度，如图 5.7 所示。建设部 2007 年第 659 号公告《关于发布建设事业“十一五”推广应用和限制禁止使用技术(第一批)的公告》、住房城乡建设部 2012 年第 1338 号公告《关于发布墙体保温系统与墙体材料推广应用和限制、禁止使用技术的公告》及工业和信息化部 2012 年第 14 号公告《高耗能落后机电设备(产品)淘汰目录(第二批)》，分别对推广应用、限制使用的建筑技术和应淘汰的高耗能落后机电设备作出了明确规定，应予以严格执行。

⑥ 应按现行国家标准《建筑与市政工程绿色施工评价标准》(GB/T 50640)的规定对施工现场绿色施工实施情况进行评价，并根据绿色施工评价情况采取改进措施，如

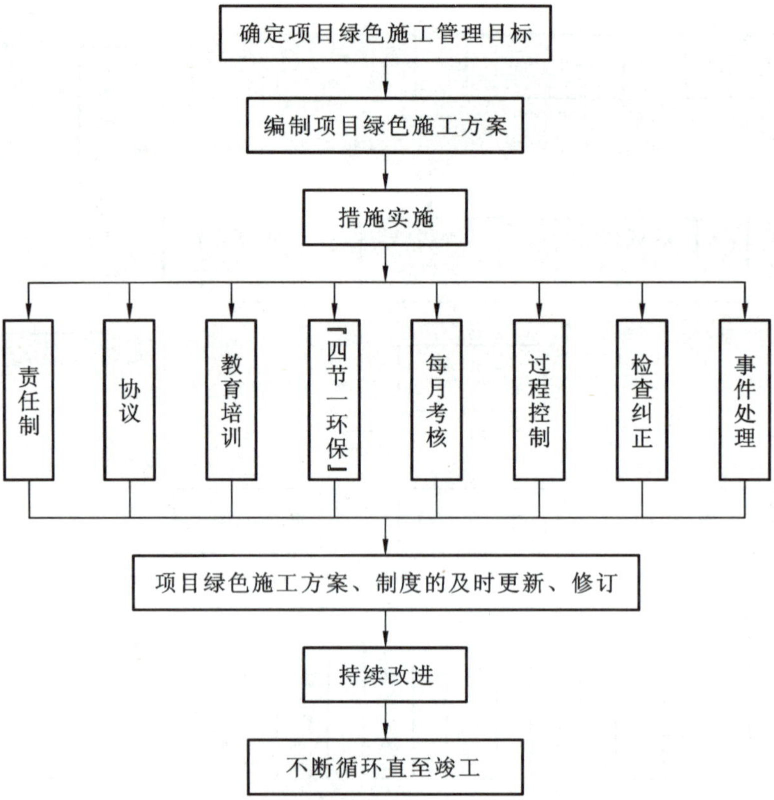

图 5.4　项目绿色施工管理流程

(a)　　　　(b)

图 5.5　材料控制

(a)限额领料制度;(b)材料打包运输

图 5.8 所示。

⑦ 施工单位应按照国家法律法规的有关要求,制定施工现场环境管理(图 5.9)和威胁人员安全等突发事件的应急预案。

(a)　　　　　　　　　　　　(b)

图 5.6 "四新"技术

(a)铝合金模板施工工艺;(b)装配式构件施工工艺

(a)　　　　　　　　　　　　(b)

图 5.7 淘汰制度

(a)淘汰的刀闸开关;(b)淘汰的盘式搅拌机

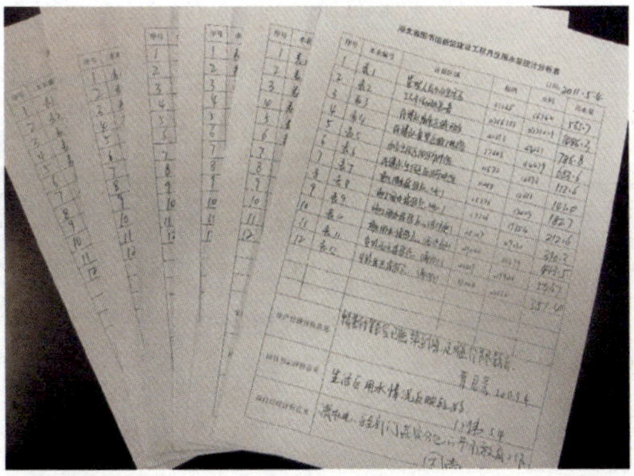

图 5.8 施工用水评价记录

图 5.9 定期消毒

5.4.1.2 资源节约

资源节约包括节材与材料利用、节水与水资源利用、节能与能源利用和节地与土地资源保护。

(1) 节材与材料利用

① 应根据施工进度、材料使用时间节点、库存情况等制订材料的采购和使用计划，如图 5.10 所示。

② 现场材料应堆放有序，并满足材料储存及质量保持的要求，如图 5.11 所示。

③ 工程施工使用的材料宜选用距施工现场 500 km 以内的工厂生产的建筑材料，如图 5.12 所示。

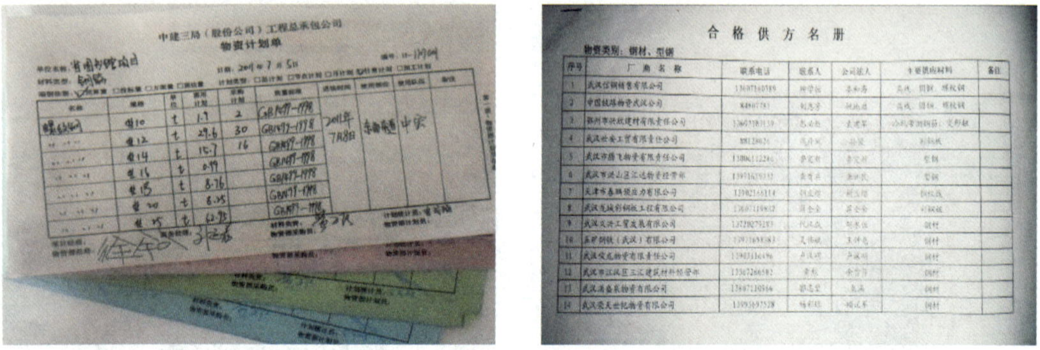

(a)　　(b)

图 5.10　材料计划

(a)材料进场计划单；(b)合格供方名册

图 5.11　小型构件分类堆放

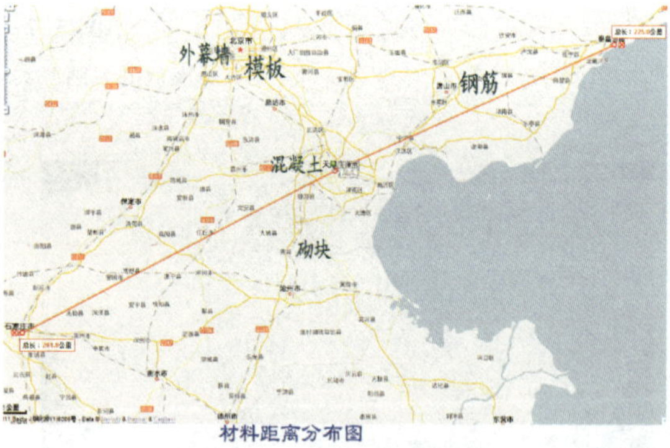

图 5.12　场外运输策划

【扫码演示】　【扫码演示】

(2) 节水与水资源利用

① 现场应结合给、排水点位置进行管线线路和阀门预设位置的设计，并采取管网和用水器具防渗漏的措施。

② 施工现场办公区、生活区的生活用水应采用节水器具，如图 5.13 所示。

【扫码演示】

③ 宜建立雨水、中水或其他可循环利用的水资源收集利用系统，如图 5.14 和图 5.15 所示。

④ 应按照生活用水与工程用水的定额指标进行控制。

⑤ 施工现场喷洒路面、绿化浇灌不宜使用自来水，可使用收集的雨水，如图 5.16 所示。

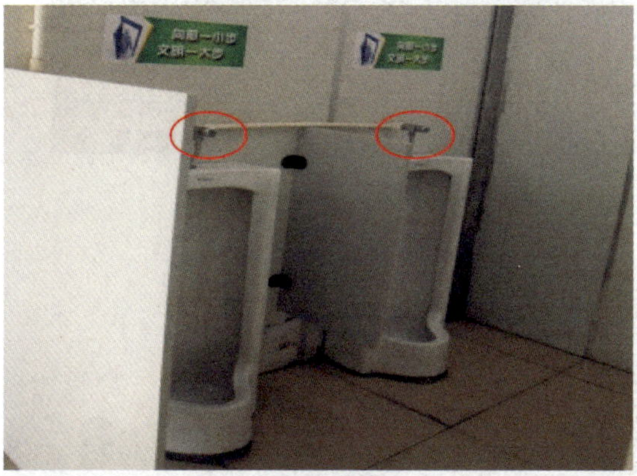

图 5.13　节水器具

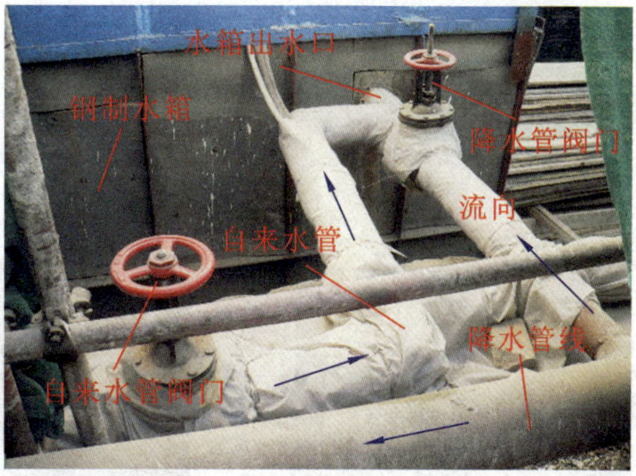

图 5.14　水资源循环利用系统

图 5.15　雨水收集

图 5.16　雨水利用

(3) 节能与能源利用

① 应合理安排施工顺序及施工区域，减少作业区机械设备数量。

② 应选择功率与负荷相匹配的施工机械设备，机械设备不宜低负荷运行，不宜采用自备电源。

③ 应制定施工能耗指标，明确节能措施。

④ 应建立施工机械设备档案和管理制度，机械设备应定期保养维修，如图 5.17、图 5.18 所示。施工机械设备档案包括产地、型号、大小、功率、耗油量或耗电量、使用寿命和已使用时间等内容。应合理选择和使用施工机械，避免造成不必要的损耗和浪费。

⑤ 生产、生活、办公区域及主要机械设备宜分别进行耗能、耗水及排污计量，并做好相

应记录,如图 5.19 所示。

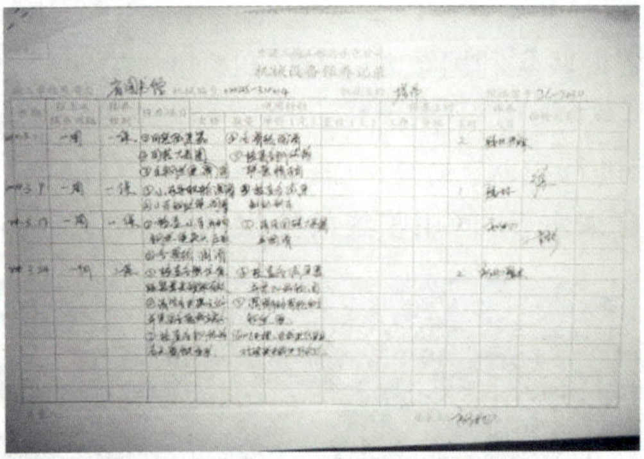

图 5.17　设备定期保养记录

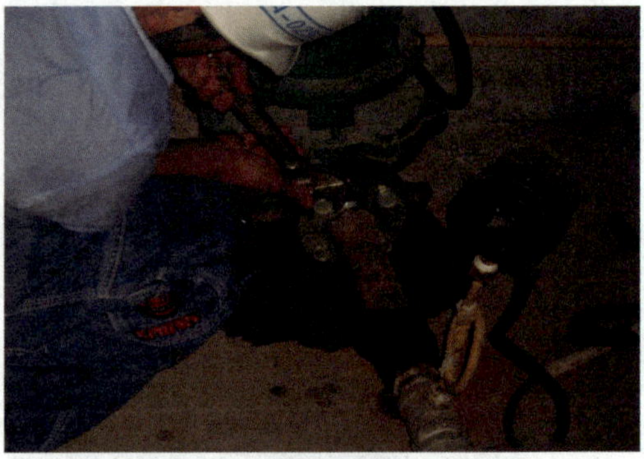

图 5.18　设备维修

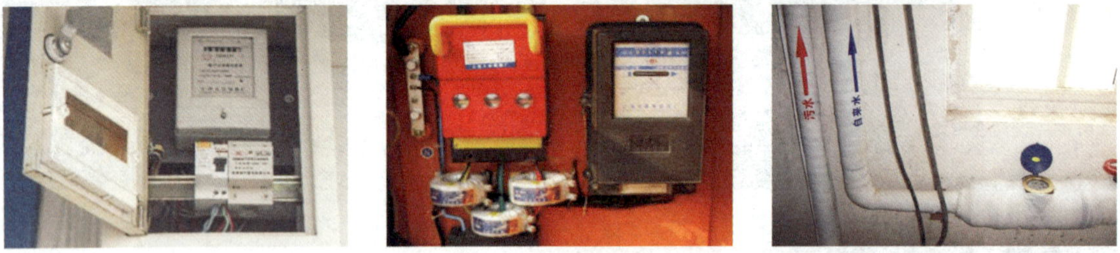

(a)　　(b)　　(c)

图 5.19　耗能、耗水计量

(a)生活用电采用的荷载限位器;(b)塔吊用电采用的计量表;(c)自来水计量装置

⑥ 应合理布置临时用电线路,选用节能器具,采用声控、光控和节能灯具;照明照度宜按最低照度设计。施工现场应合理布置临时用电线路,主要是要做到线路最短,变压器、配电室(总配电箱)与用电负荷中心尽可能靠近,如图 5.20 所示。

⑦ 宜利用太阳能、地热能、风能等可再生能源,如图 5.21、图 5.22 所示。

⑧ 施工现场宜错峰用电,避开用电高峰,平衡用电。

图 5.20　宿舍限流器

图 5.21　太阳能热水器

(4) 节地与土地资源保护

① 应根据工程规模及施工要求布置施工临时设施，如图 5.23 所示。

② 施工临时设施不宜占用绿地、耕地以及规划红线以外场地，如图 5.24 所示。

③ 施工现场应避让、保护场区及周边的古树名木，如图 5.25 所示。

图 5.22　太阳能路灯

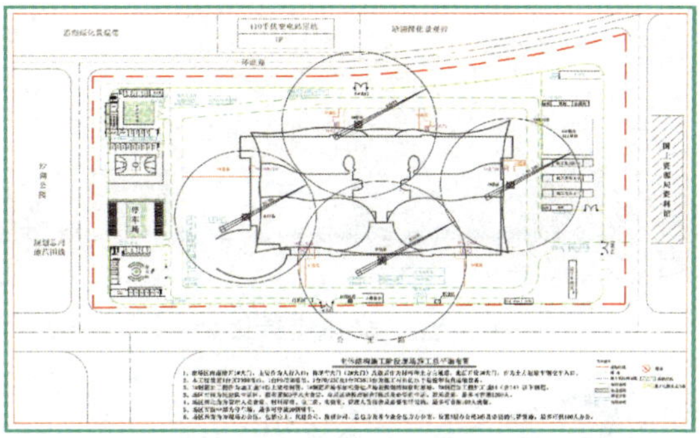

图 5.23　主体阶段场地布置

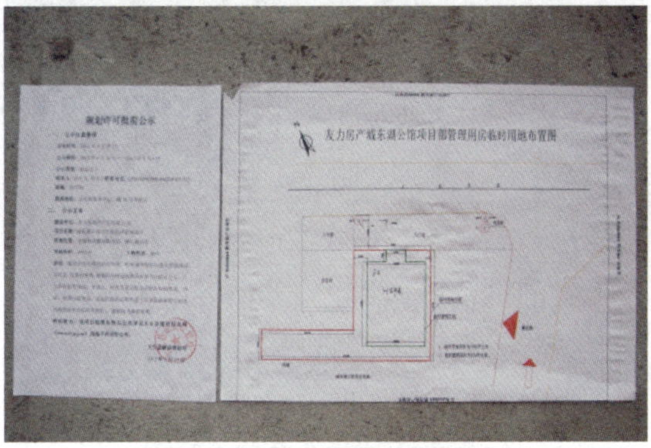

图 5.24　临时用地审批手续

图 5.25　古树移植保护

5.4.1.3　环境保护

环境保护包括施工现场扬尘控制、噪声控制、光污染控制、水污染控制、施工现场垃圾处理和危险品、化学品的运输和储存措施。

(1) 施工现场扬尘控制

① 施工现场宜搭设封闭式垃圾站，如图 5.26 所示。

② 细散颗粒材料、易扬尘材料应封闭堆放、存储和运输，如图 5.27、图 5.28 所示。施工现场易扬尘材料运输、存储方式常见的有封闭式货车运输、袋装运输、库房存储、袋装存储、封闭式料池、料斗或料仓存储、封闭覆盖等方式，具有防尘、防变质、防遗撒，以及降低材料损耗等作用。

【扫码演示】

③ 施工现场出口应设冲洗池，施工场地、道路应采取定期洒水抑尘措施，如图 5.29 至图 5.31 所示。

图 5.26　封闭式垃圾站

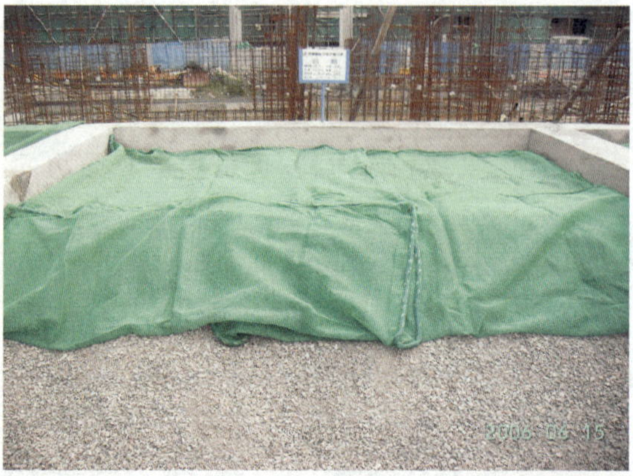

图 5.27　细散颗粒建筑材料封闭存储

图 5.28　全封闭渣土车

图 5.29　出入口车辆清洗

图 5.30　施工道路洒水

图 5.31　高压造雾机防尘

④ 土石方作业区内扬尘目测高度应小于 1.5 m，结构施工、安装、装饰装修阶段目测扬尘高度应小于 0.5 m，不得扩散到工作区域外。

⑤ 施工现场使用的热水锅炉等宜使用清洁燃料，不得在施工现场融化沥青或焚烧油毡、油漆以及产生其他有毒、有害烟尘和恶臭气体的物质。

(2) 噪声控制

① 施工现场应对噪声进行实时监测，如图 5.32 所示，施工场界环境噪声排放昼间不应超过 70 dB(A)，夜间不应超过 55 dB(A)。噪声测量方法应符合现行国家标准《建筑施工场界环境噪声排放标准》(GB 12523)的规定。

【扫码演示】

② 施工过程宜使用低噪声、低振动的施工机械设备，对噪声控制要求较高的区域应采取隔声措施，如图 5.33 至图 5.35 所示。

③ 施工车辆进出现场不宜鸣笛。

图 5.32 噪声监测点

图 5.33 混凝土泵车降噪棚

图 5.34 钢筋加工棚

图 5.35 建筑工地隔声墙

(3) 光污染控制

① 应根据现场和周边环境采取限时施工、遮光和全封闭等避免或减少施工过程中光污染的措施，如图 5.36 所示。

② 夜间室外照明灯应加设灯罩，光照方向应集中在施工区范围，如图

【扫码演示】

5.37 所示。

图 5.36 小型机械防护罩

图 5.37 灯光防护罩

③ 在光线作用敏感区域施工时,电焊作业和大型照明灯具应采取防光外泄措施,其目的主要是防止施工扰民。

(4) 水污染控制应符合下列规定

① 污水排放应符合现行行业标准的有关要求。

② 使用非传统水源和现场循环水时,宜根据实际情况对水质进行检测,如图 5.38 所示。

③ 施工现场的油料和化学溶剂等物品应设专门库房存放,地面应做防渗漏处理。废弃的油料和化学溶剂应集中处理,不得随意倾倒。

④ 易挥发、易污染的液态材料,应使用密闭容器存放。

⑤ 施工机械设备使用和检修时,应控制油料污染,清洗机具的废水和废油不得直接排放。

⑥ 食堂、盥洗室、淋浴间的下水管线应设置过滤网,食堂应另设隔油池,如图 5.39 所示。

图 5.38 检测水质

图 5.39 厨房用隔油池

⑦ 施工现场宜采用移动式厕所(图 5.40),并委托环卫单位定期清理。固定厕所应设化粪池。

⑧ 隔油池和化粪池应做防渗处理，并及时清运、消毒，如图 5.41 所示。

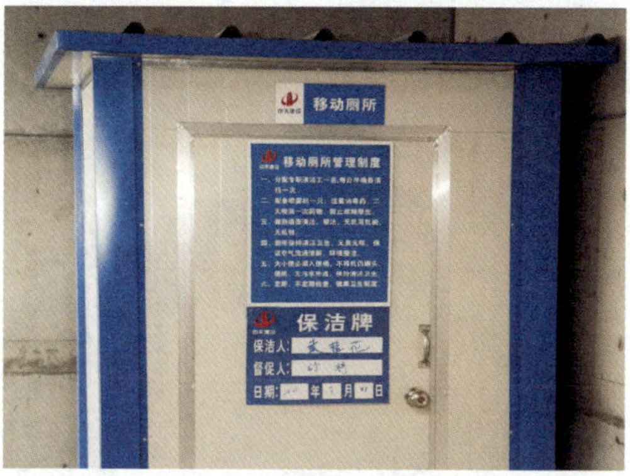

图 5.40 移动式厕所

图 5.41 采用工具式化粪池

（5）施工现场垃圾处理

① 垃圾应分类存放、按时处理，如图 5.42、图 5.43 所示。

② 应制订建筑垃圾减排计划，建筑垃圾的回收利用应符合现行国家标准《工程施工废弃物再生利用技术规范》(GB/T 50743)，如图 5.44、图 5.45 所示。

图 5.42 建筑垃圾分类处理

图 5.43 分类垃圾箱

图 5.44 建筑垃圾利用

图 5.45 废模板加工成地板砖

③ 有毒、有害废弃物的分类率应达到100%；对有可能造成二次污染的废弃物应单独贮存，并设置醒目标识，如图5.46所示。

④ 现场清理时，应采用封闭式运输，不得将施工垃圾从窗口、洞口、阳台等处抛撒，如图5.47所示。

图5.46　存放有毒、有害废弃物的专门库房

图5.47　楼层垃圾装袋运送

(6) 其他

施工使用的乙炔、氧气、油漆、防腐剂等危险品、化学品的运输、贮存、使用应采取隔离措施，污染物排放应达到国家现行有关排放标准的要求，如图5.48、图5.49所示。

图5.48　危险品储藏室

图5.49　乙炔瓶推车

5.4.2　施工准备与施工场地

工程项目开工前，施工单位应完成绿色施工的各项准备工作，项目施工现场也应做好相应的工作。

5.4.2.1　施工准备

(1) 施工单位应根据设计文件、场地条件、周边环境和绿色施工总体要求，明确绿色施工的目标、材料、方法和实施内容，并在图纸会审时提出需要设计单位配合的意见和建议。

(2) 施工单位应编制包含绿色施工管理和技术要求的工程项目绿色施工组织设计、绿色施工方案或绿色施工专项方案，并经审批通过后实施，如图 5.50 所示。编制工程项目绿色施工组织设计、绿色施工方案时，应在各个章节中体现绿色施工管理和技术要求，如绿色施工组织管理体系、管理目标设定、岗位职责分解、监督管理机制、施工部署、分部分项工程施工要求、保证措施和绿色施工评价方案等内容要求。编制工程项目绿色施工专项方案时，也应体现以上相应要求，并与传统施工组织设计、施工方案配套使用。

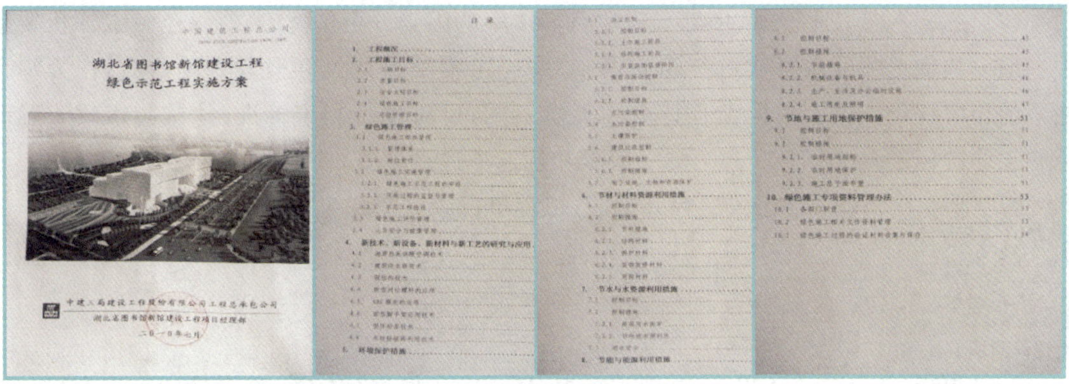

图 5.50　绿色施工专项方案

(3) 绿色施工组织设计、绿色施工方案或绿色施工专项方案编制应符合下列规定：

① 应考虑施工现场的自然与人文环境特点；

② 应有减少资源浪费和环境污染的措施；

③ 应明确绿色施工的组织管理体系、技术要求和措施；

④ 应选用先进的产品、技术、设备、施工工艺和方法，尽量利用规划区域内设施；

⑤ 应包含改善作业条件、降低劳动强度、节约人力资源等内容。

(4) 施工现场宜推行电子文档管理。电子文档的推行将减少纸质文件，有利于环境保护。

(5) 施工单位宜建立建筑材料数据库，应采用绿色性能相对优良的建筑材料。不同厂家生产的材料性能是有差别的，宜对同类建筑材料进行绿色性能评价，并形成数据库，在具体工程实施中选用性能相对绿色的材料。

(6) 施工单位宜建立施工机械设备数据库，应根据现场和周边环境情况，对施工机械和设备进行节能、减排和降耗指标分析与比较，采用高性能、低噪声和低能耗的机械设备，如图 5.51、图 5.52 所示。

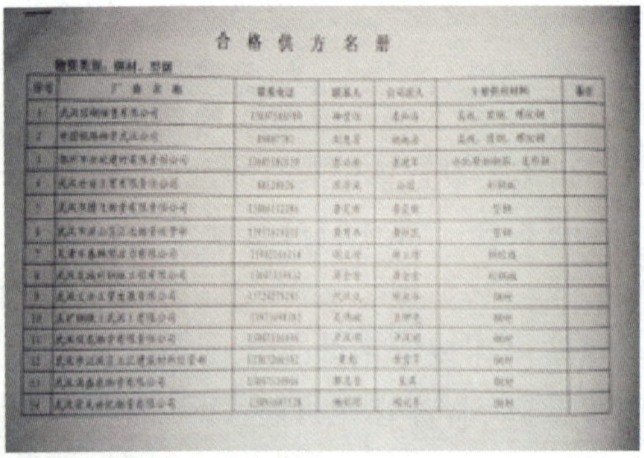

图 5.51　施工机械合格供方名册

图 5.52　模板切割机械

(7) 在绿色施工评价前，依据工程项目环境影响因素分析情况，应对绿色施工评价要素中一般项和优选项的条目数进行相应调整，并经工程项目建设和监理方确认后，作为绿色施工的相应评价依据。根据工程特点和环境不同，可对现行国家标准《建筑与市政工程绿色施工评价标准》(GB/T 50640)的一般项和优选项进行调整，使评价更符合工程实际。

(8) 在正式工程开工前，工程单位应完成绿色施工的各项准备工作。

【扫码演示】

5.4.2.2　施工场地

(1) 一般规定

① 在施工总平面设计时，应对施工场地、环境和条件进行分析，确定具体实施方案。对施工场地、环境和条件进行分析的内容包括：施工现场的作业时间和作业空间、具有的能源和设施、自然环境、社会环境、工程施工所选用的料具性能等。

② 施工总平面布置宜利用场地及周边现有和拟建建筑物、构筑物、道路和管线等，如图 5.53 所示。在施工总平面布置时，应充分利用现有和拟建建筑物、道路、给水、排水、供暖、供电、燃气、通信等设施和场地等，提高资源利用率。

图 5.53　利用原有建筑物作围挡

③ 施工前应制订合理的场地使用计划；施工中应减少场地干扰，保护环境。场地平整、土方开挖、施工降水、永久及临时设施建造、场地废弃物处理等均会对场地上现存的动植物资源、地形地貌、地下水位等造成影响，甚至还会对场地内现存的文物、地方特色资源等造成破坏，影响当地文脉的继承和发扬，因此施工单位应结合实际，制订合理的用地计划。

④ 临时设施的占地面积可按最低面积指标设计，有效使用临时设施用地。

⑤ 塔吊等垂直运输设施基座宜采用可重复利用的装配式基座或利用在建工程的结构，如图 5.54 所示。

图 5.54　装配式塔吊基座

(2) 施工总平面布置

① 施工现场平面布置应符合下列原则：

a. 在满足施工需要前提下，应减少施工用地；

b. 应合理布置起重机械和各项施工设施，统筹规划施工道路；

c. 应合理划分施工分区和流水段，减少专业工种之间交叉作业。

② 施工现场平面布置应根据施工各阶段的特点和要求，实行动态管理。

③ 施工现场生产区、办公区和生活区应实现相对隔离，如图 5.55 所示。

④ 施工现场作业棚、库房、材料堆场等布置宜靠近交通线路和主要用料部位。

⑤ 施工现场的强噪声机械设备宜远离噪声敏感区。噪声敏感区包括医院、学校、政府机关、科研单位、住宅和工人生活区等需要保持安静的建筑物区域。

图 5.55　生活办公区与施工区分开布置

图 5.56　折叠门

(3) 场区围护及道路

① 施工现场大门、围挡和围墙宜采用可重复利用的材料和部件，并应工具化、标准化，如图 5.56 所示。施工现场围墙可采用预制轻钢结构等可重复利用材料，提高材料使用率。

【扫码演示】

② 施工现场入口应设置绿色施工制度图牌，如图 5.57 所示。

③ 施工现场道路布置应遵循永久道路和临时道路相结合的原则，如图 5.58 所示。

图 5.57　绿色施工制度图牌

图 5.58　施工道路与永久道路结合

【扫码演示】

④ 施工现场主要道路的硬化处理宜采用可周转使用的材料和构件，如图 5.59 所示。

⑤ 施工现场围墙、大门和施工道路周边宜设绿化隔离带，如图 5.60 所示。

图 5.59　拼装式道路

图 5.60　绿化隔离带

【扫码演示】

(4) 临时设施

①临时设施的设计、布置和使用，应采取有效的节能降耗措施，并符合下列规定：

a. 应利用场地自然条件，临时建筑的体形宜规整，应有自然通风和采光，并应满足节能要求，如图 5.61 所示。

b. 临时设施宜选用由高效保温、隔热、防火材料制成的复合墙体和屋面，以及密封保温隔热性能好的门窗，如图 5.62 所示。

c. 临时设施建设不宜使用一次性墙体材料。

② 办公和生活临时用房应采用可重复利用的房屋，可重复利用的房屋包括多层轻钢活动板房、钢骨架多层水泥活动板房、集装箱式用房等，如图 5.63 所示。

③ 夏季炎热地区，由于太阳辐射原因，应在其外窗设置外遮阳（图 5.64），以减少太阳辐射热。严寒和寒冷地区外门应采取防寒措施，以满足保温和节能要求。

图 5.61 自然通风采光

图 5.62 复合墙体和屋面

图 5.63 装配式板房

图 5.64 外遮阳

5.4.3 地基与基础工程

绿色施工中，地基与基础工程包括一般规定、土石方工程、桩基工程、地基处理工程和地下水控制五个方面的相关内容。

5.4.3.1 一般规定

（1）基础施工应选用低噪、环保、节能、高效的机械设备和工艺，如图 5.65 所示。桩基施工可采用螺旋、静压、喷注式等成桩工艺，以减少噪声、振动、大气污染等对周边环境的影响。

（2）地基与基础工程施工时，应识别场地内及相邻周边现有的自然、文化和建（构）筑物特征，并采取相应保护措施。场内发现文物时，应立即停止施工，派专人看管，并通知当地文物主管部门。地下文物如图 5.66 所示。

（3）应根据气候特征选择施工方法和施工机械、安排施工顺序、布置施工场地。

(4) 地基与基础工程施工应符合下列要求：

①现场土、料存放应采取加盖或植被覆盖措施，如图 5.67 所示。

②土方、渣土装卸车和运输车应有防止遗撒和扬尘的措施，如图 5.68 所示。

③对施工过程产生的泥浆应设置专门的泥浆池或泥浆罐车储存。

(5) 基础工程涉及的混凝土结构、钢结构、砌体结构工程应按 5.4.4 节中主体结构工程的有关要求执行。

图 5.65 地下连续墙成槽机

图 5. 66 地下文物

图 5.67 裸露土覆盖

图 5.68 封闭式渣土车

5.4.3.2 土石方工程

(1) 土石方工程在开挖前应进行挖、填方的平衡计算，在土石方场内应保证有效利用、运距最短和工序衔接紧密。

(2) 工程渣土应分类堆放和运输，其再生利用应符合现行国家标准《工程施工废弃物再生利用技术规范》(GB/T 50743)的规定。

(3) 土石方工程开挖宜采用逆作法或半逆作法进行施工，施工中应采取通风和降温等改善地下工程作业条件的措施，如图 5.69 所示。

(4) 在受污染的场地进行施工时，应对土质进行专项检测和治理。

(5) 土石方爆破施工前，应进行爆破方案的编制和评审，采取防尘和飞石控制措施，如

图 5.70 所示。土石方爆破防尘和飞石控制措施包括清理积尘、淋湿地面、外设高压喷雾状水系统、设置防尘排栅和直升机投水弹等。

(6) 4 级风以上天气，严禁土石方工程爆破施工作业。

图 5.69　逆作法施工

图 5.70　拆除时降尘

5.4.3.3　桩基工程

(1) 成桩工艺应根据桩的类型、使用功能、土层特性、地下水位、施工机械、施工环境、施工经验、制桩材料供应条件等，按安全适用、经济合理的原则选择。

(2) 混凝土灌注桩施工应符合下列规定：

① 灌注桩采用泥浆护壁成孔时，应采取导流沟和泥浆池等排浆及储浆措施。

② 施工现场应设置专用泥浆池，并及时清理沉淀的废渣，如图 5.71 所示。

(3) 工程桩不宜采用人工挖孔成桩。特殊情况下采用时，应采取护壁、通风和防坠落措施。

(4) 在城区或人口密集地区进行混凝土预制桩和钢桩施工时，应采取护壁、通风和防坠落措施，如图 5.72 所示。

(5) 工程桩桩顶剔除部分的再生利用应符合现行国家标准《工程施工废弃物再生利用技术规范》(GB/T 50743)的规定。

图 5.71　专用泥浆池

图 5.72　预制桩施工

5.4.3.4 地基处理工程

(1) 换填法施工应符合下列规定：

① 回填土施工应采取防止扬尘的措施，4 级风以上天气严禁回填土施工。施工间歇时应对回填土进行覆盖。

② 当采用砂石料作为回填材料时，宜采用振动碾压。

③ 灰土过筛施工应采取避风措施。

④ 开挖原土的土质不适宜回填时，应采取土质改良措施后加以利用。

(2) 在城区或人口密集地区，不宜使用强夯法施工。

(3) 采用高压喷射注浆法施工的浆液应有专用容器存放，置换出的废浆应及时收集清理。

(4) 采用砂石回填时，砂石填充料应保持湿润。对具有膨胀性土质地区的土方回填，可在膨胀土中掺入石灰、水泥或其他固化材料，令其满足回填土土质要求，从而减少土方外运，保护土地资源。

(5) 基坑支护结构采用锚杆（锚索）时，宜优先采用可拆式锚杆，如图 5.73 所示。

(6) 喷射混凝土施工宜采用湿喷或水泥裹砂喷射工艺，并采取防尘措施，如图 5.74 所示。锚喷作业区的粉尘浓度不应大于 10 mg/m^3，喷射混凝土作业人员应佩戴防尘用具。

图 5.73 可拆式锚杆

图 5.74 喷射混凝土施工

5.4.3.5 地下水控制

(1) 基坑降水宜采用基坑封闭降水方法。施工降水应遵循保护优先、合理抽取、抽水有偿、综合利用的原则，宜采用连续墙、“护坡桩＋桩间旋喷桩”、“水泥土桩＋型钢”等全封闭帷幕隔水施工方法，隔断地下水进入基坑施工区域。

(2) 基坑施工排出的地下水应加以利用。基坑施工排出的地下水可用于冲洗、降尘、绿化、养护混凝土等。

(3) 采用井点降水施工时，地下水位与作业面高差宜控制在 250 mm 以内，并根据施工进度进行水位自动控制。轻型井点降水应根据土层渗透系数合理确定降水深度、井点间距

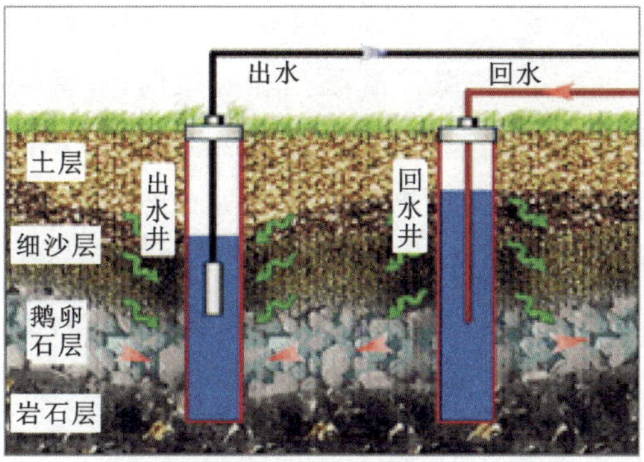

图 5.75 回灌井

和井点管长度；管井降水应在合理位置设置自动水位控制装置，在满足施工需要的前提下，尽量减少地下水抽取。

（4）当无法采用基坑封闭降水，且基坑抽水对周围环境可能造成不良影响时，应采用对地下水无污染的回灌方法，如图 5.75 所示。不同地区应根据当地建设行政主管部门的规定执行，鼓励采取相关措施避免工程施工降水，保护地下水资源。

5.4.4 主体结构工程

绿色施工中，主体结构工程包括一般规定、混凝土结构工程、砌体结构工程、钢结构工程和其他五个方面的相关内容。

5.4.4.1 一般规定

（1）预制装配式结构构件，宜采取工厂化加工生产；构件的存放和运输应采取防止变形和损坏的措施；构件的加工和进场顺序应与现场安装顺序一致，不宜二次倒运。钢结构、预制装配式混凝土结构、木结构采取工厂化生产、现场安装，有利于保证质量、提高机械化作业水平和减少施工现场土地占用，应大力提倡。当采取工厂化生产时，构件的加工和进场应按照安装的顺序，随安装随进场，减少现场存放场地和二次倒运。构件在运输和存放时，应采取正确支垫措施或采用专用支架存放，防止构件变形或损坏。

（2）基础和主体结构施工应统筹安排垂直和水平运输机械，如图 5.76、图 5.77 所示。基础和主体结构施工阶段的大型构件安装一般需要较大能力的起重设备，为节省机械费用，在安排构件安装机械的同时应考虑混凝土、钢筋等其他分部分项工程施工垂直运输的需要。

图 5.76 合理布置塔吊

图 5.77 车载式布料机

图 5.78　预拌砂浆机

(3) 施工现场宜采用预拌混凝土和预拌砂浆，如图 5.78 所示。现场搅拌混凝土和砂浆时，应使用散装水泥，搅拌机棚应有封闭降噪和防尘措施。预拌砂浆是指由专业生产厂生产的湿拌砂浆或干混砂浆。其中，干混砂浆需现场拌和，应采取防尘措施。经批准进行混凝土现场搅拌时，宜使用散装水泥节省包装材料；搅拌机应设在封闭的棚内，以降噪和防尘。

5.4.4.2　混凝土结构工程

(1) 钢筋工程

① 钢筋宜采用专用软件优化放样下料，根据优化配料结果合理确定进场钢筋的定尺长度，在满足相关规范要求的前提下，合理利用短筋，使剩余的钢筋头最少，如图 5.79 所示。

② 钢筋工程宜采用专业化生产的成型钢筋。钢筋现场加工时，宜采取集中加工方式，如图 5.80、图 5.81 所示。钢筋采用工厂化加工并按需要直接配送，以及采用钢筋网片、钢筋骨架，是建筑业实现工业化的一项重要措施，能节约材料、节省能源、少占用地、提高效率，应积极推广。

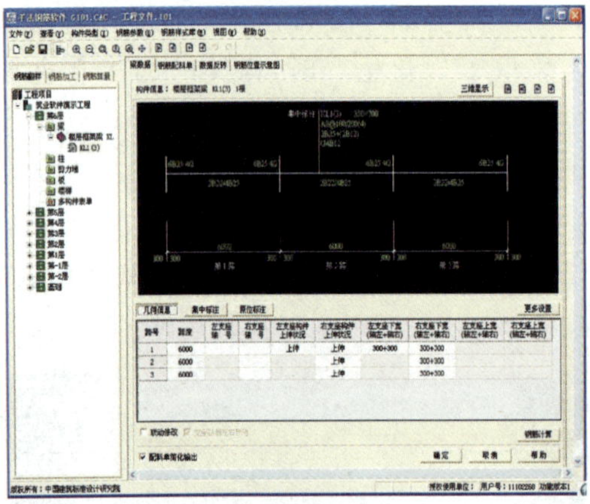

图 5.79　软件计算钢筋长度

图 5.80　成型钢筋

③ 钢筋连接宜采用机械连接方式。采用先进的钢筋连接方式，不仅质量可靠而且节省材料。

④ 进场钢筋原材料和加工半成品应存放有序、标识清晰、储存环境适宜，并应采取防潮、防污染等措施，建立健全保管制度，如图 5.82 所示。进场钢筋的原材料和经加工的半成品，应标识清晰，便于使用和辨认；现场存放场地应有排水、防潮、防锈、防泥污等措施。

图 5.81 螺旋钢筋自动制作机

图 5.82 钢筋有序存放

⑤ 钢筋除锈时，应采取避免扬尘和防止土壤污染的措施。

⑥ 钢筋加工中使用的冷却液体应过滤后循环使用，不得随意排放。

⑦ 钢筋加工产生的粉末状废料，应按建筑垃圾及时收集和处理，不得随意掩埋或丢弃。钢筋除锈、冷拉、调直、切断等加工过程中会产生金属粉末和锈皮等废弃物，应及时收集处理，防止污染土地。

⑧ 钢筋安装时，绑扎丝、焊剂等材料应妥善保管和使用，散落的余废料应及时收集利用。钢筋绑扎安装过程中，绑扎丝、电渣压力焊焊剂容易撒落，应采取措施减少撒落焊剂，及时收集利用，减少材料浪费。

⑨ 箍筋宜采用一笔箍或焊接封闭箍。一笔箍为连续钢筋制作的螺旋箍或多支箍。

(2) 模板工程

① 应选用周转率高的模板和支撑体系。模板宜选用可回收利用的塑料、铝合金等材料，如图 5.83 所示。制定模板及支撑体系方案时，应贯彻“以钢代木”和应用新型材料的原则，尽量减少木材的使用，保护森林资源。

② 宜使用大模板、定型模板、爬升模板和早拆模板等工业化模板体系，如图 5.84、图 5.85 所示。使用工业化模板体系，机械化程度高、施工速度快，工厂化加工减少了现场作业和场地的占用，应积极推广使用。

③ 采用木或竹制模板时，如图 5.86 所示宜采取工厂化定型加工、现场安装的方式，不得在工作面上直接加工拼装。在现场加工时，应设封闭场所集中加工，并采取有效的隔声和防粉尘污染措施。施工现场目前使用木或竹制胶合板作模板的较多，有的直接将胶合板、木方运到作业面进行锯切和模板拼装，既浪费材料又难以保证质量，还造成锯末、木屑污染环境。为提高模板周转率，提倡使用工厂加工的钢框木、竹胶合模板；如在现场加工此类模板时，应设封闭加工棚，防止粉尘和噪声污染。

图 5.83　铝合金模板

图 5.84　楼梯定型模板

图 5.85　钢制大模板

图 5.86　木模板

④ 模板安装精度应符合现行国家标准《混凝土结构工程施工质量验收规范》(GB 50204)的要求。模板加工和安装的精度，直接决定了混凝土构件的尺寸和表面质量。提高模板加工和安装的精度，可节省抹灰材料和人工，提高工程质量，加快施工进度。

⑤ 脚手架和模板支撑宜选用承插式、碗扣式、盘扣式等管件合一的脚手架材料搭设，如图 5.87 所示。传统的扣件式钢管脚手架，安装和拆除过程中容易丢失扣件且承载能力受人为因素影响较大，因此提倡使用承插式、碗扣式、盘扣式等管件合一的脚手架材料作为脚手架和模板支撑。

⑥ 高层建筑结构施工，应采用整体或分片提升的工具式脚手架和分段悬挑式脚手架，如图 5.88 所示。高层建筑，特别是超高层建筑，使用整体提升或分段悬挑等工具式外脚手架随结构施工而上升，具有减少投入、减少垂直运输量、安全可靠等优点，应优先采用。

⑦ 模板及脚手架施工应及时回收散落的铁钉、铁丝、扣件、螺栓等材料。模板及脚手架施工，应采取措施防止小型材料配件丢失或散落，节约材料和保证施工安全；对不慎散落的

铁钉、铁丝、扣件、螺栓等小型材料配件，应及时回收利用。

图 5.87 碗扣式脚手架

图 5.88 液压爬模体系

⑧ 短木方应叉接接长，木、竹胶合板的边角余料应拼接并合理利用，如图 5.89 所示。用作模板龙骨的残损短木料，可采用“叉接”接长技术接长使用，木、竹胶合板配料剩余的边角料可拼接使用，节约材料。

图 5.89 木模板接长

⑨ 模板脱模剂应选用环保型产品，并由专人保管和涂刷，剩余部分应及时回收。

⑩ 模板拆除宜按支设的逆向顺序进行，不得硬撬或重砸。拆除平台楼层的底模时，应采取临时支撑、支垫等防止模板坠落和损坏的措施，并应建立维护维修制度。模板拆除时，模板和支撑应采用适当的工具并按规定的程序进行，不得乱拆硬撬，并应随拆随运，防止交叉、叠压、碰撞等造成损坏。不慎损坏的应及时修复，暂时不使用的应采取保护措施。

(3) 混凝土工程

① 在混凝土配合比设计时，应减少水泥用量，增加工业废料、矿山废渣的掺量；当混凝土中添加粉煤灰时，宜利用其后期强度。混凝土中宜添加粉煤灰、磨细矿渣粉等工业废料和高效减水剂，以减少水泥用量，节约资源。当混凝土中添加粉煤灰时，可利用其 60 d、90 d 的龄期强度。

② 混凝土宜采用泵送、布料机布料浇筑；地下大体积混凝土宜采用溜槽或串筒浇筑，如图 5.90 所示。混凝土采用泵送和布料机布料浇筑、地下大体积混凝土采用溜槽或串筒浇筑，不仅能保证混凝土质量，还可加快施工进度，节省人工。

③ 超长无缝混凝土结构宜采用滑动支座法、跳仓法和综合治理法施工；当裂缝控制要

求较高时，可采用低温补仓法施工。滑动支座法是利用滑动支座减小约束，释放混凝土内力的施工方法；跳仓法是将超长超宽混凝土结构划分成若干个区块，按照相隔区块与相邻区块两大部分，依据一定时间间隔要求，对混凝土进行分期浇筑施工的方法；低温补仓法是在跳仓法的基础上，创造一种补仓低于跳仓混凝土浇筑温度的施工方法；综合治理法是全部或部分采用滑动支座法、跳仓法、低温补仓法及其他方法控制复杂混凝土结构早期裂缝的施工方法。

④ 混凝土应采用低噪声振捣设备振捣，也可采取围挡降噪措施；在噪声敏感环境或钢筋密集时，宜采用自密实混凝土。混凝土振捣是产生较强噪声的作业方式，应选用低噪声的振捣设备；采用传统振捣设备时，应采用作业层围挡，以减少噪声污染。

⑤ 混凝土宜采用塑料薄膜加保温材料覆盖进行保湿、保温养护；当采用洒水或喷雾养护时，养护用水宜使用回收的基坑降水或雨水；混凝土竖向构件宜采用养护剂进行养护。在常温施工时，浇筑完成的混凝土表面宜覆盖塑料薄膜，利用混凝土内蒸发的水分自养护，如图 5.91 所示。冬季施工或大体积混凝土浇筑施工时应采用塑料薄膜加保温材料养护，以节约养护用水。

图 5.90 混凝土溜槽浇筑

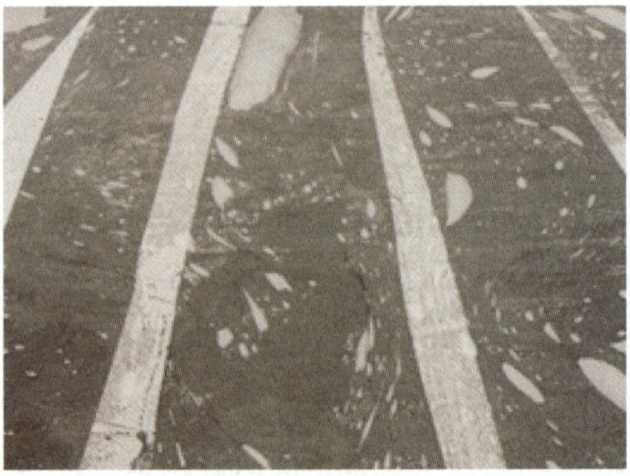

图 5.91 覆盖塑料薄膜养护

⑥ 混凝土结构宜采用清水混凝土，其表面应涂刷保护剂。清水混凝土表面涂刷保护剂可增强混凝土的耐久性。

⑦ 混凝土浇筑余料应制成小型预制件，或采用其他措施加以利用，不得随意倾倒，如图 5.92、图 5.93 所示。每次浇筑混凝土时不可避免地会有少量的剩余材料，应制成小型预制件，用于临时工程或在不影响工程质量安全的提前下，用于门窗过梁、沟盖板、隔断墙中的预埋件砌块等，应充分利用剩余材料，不得随意倒掉或当作建筑垃圾处理。

⑧ 清洗泵送设备和管道的污水应经沉淀后回收利用，浆料分离后可作室外道路、地面等垫层的回填材料。

图 5.92　余料铺设临时道路

图 5.93　余料制作预制试块

5.4.4.3　砌体结构工程

(1) 砌体结构宜采用工业废料或废渣制作的砌块及其他节能环保砌块。

(2) 砌块运输宜采用托板整体包装,现场应减少二次搬运,如图 5.94 所示。

(3) 砌块湿润和砌体养护宜使用检验合格的非自来水水源。

(4) 混合砂浆掺合料可使用粉煤灰等工业废料。

(5) 砌筑施工时,落地灰应及时清理、收集和再利用。

(6) 砌块应按组砌图砌筑;非标准砌块应在工厂加工并按计划进场,现场切割时应集中加工,并采取防尘降噪措施,如图 5.95 所示。

(7)毛石砌体砌筑时产生的碎石块应加以回收利用。

图 5.94　砌块托板整体运输

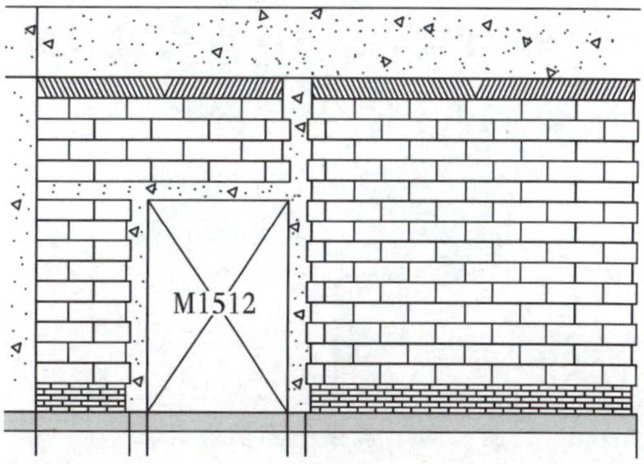

图 5.95　组砌图

5.4.4.4　钢结构工程

(1) 钢结构深化设计时,应结合加工、运输、安装方案和焊接工艺要求,确定分段、分节数量和位置,优化节点构造,减少钢材用量。

(2) 钢结构安装连接宜选用高强螺栓连接，采用金属涂层进行防腐处理。钢结构组装采用高强螺栓连接可减少现场焊接量；钢结构采用金属涂层等方法进行防腐处理可减少使用期维护工作量。

(3) 大跨度钢结构安装宜采用起重机吊装、整体提升、顶升和滑移等机械化程度高、劳动强度低的方法。

(4) 钢结构加工应制订废料减量计划，优化下料，综合利用余料，废料应分类收集、集中堆放，定期回收处理。

(5) 钢材、零(部)件、成品件、半成品件和标准件等应堆放在平整、干燥场地或仓库内。

(6) 复杂空间钢结构制作和安装，应预先采用仿真技术模拟施工过程和状态，如图 5.96 所示。

(7) 钢结构现场涂料应采用无污染、耐候性好的材料。防火涂料喷涂施工时，应采取防止涂料外泄的专项措施。

5.4.4.5 其他

(1) 装配式混凝土结构安装所需的预埋件和连接件以及室内外装饰装修所需的连接件，应在工厂制作时准确预留、预埋，如图 5.97 所示。装配式混凝土结构件，在安装时需要临时固定用的预埋件或螺栓，以及与室内外装饰装修需要连接的预埋件，应在工厂加工时准确预留、预埋，防止事后剔碎破坏，造成浪费。

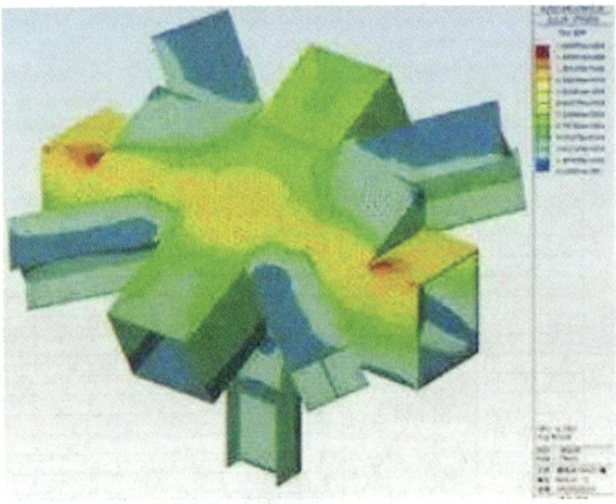

图 5.96 复杂节点仿真计算

图 5.97 预埋连接件

(2) 钢混组合结构中的钢结构构件，应结合配筋情况，在深化设计时确定与钢筋的连接方式。钢筋连接、套筒焊接、钢筋连接板焊接及预留孔应在工厂加工时完成，严禁安装时随意割孔或后焊接。钢混组合结构中的钢结构构件与钢筋的连接方式(穿孔法、连接件法和混合法等)应在深化设计时确定，并绘制加工图，标示出预留孔洞、焊接套筒、连接板位置和大小，在工厂加工完成，不得在现场临时切割或焊接，以防止损坏钢构件。

(3) 索膜结构施工时,索、膜应采取工厂化制作和裁剪,现场安装。索膜结构的索和膜均应在工厂按照计算机模拟张拉后的尺寸下料、制作和安装连接件,运至现场安装张拉。

5.4.5 装饰装修工程

绿色施工中,装饰装修工程包括一般规定、地面工程、门窗及幕墙工程、吊顶工程、隔墙及内墙面工程五个方面的相关内容。

5.4.5.1 一般规定

(1) 施工前,块材、板材和卷材应进行排版优化设计。块材、板材、卷材类材料包括地砖、石材、石膏板、壁纸、地毯以及木质、金属、塑料类等材料,施工前应进行合理排版,减少切割和因此产生的噪声及废料等。

(2) 门窗、幕墙、块材、板材宜采用工厂化加工,如图 5.98 所示。门窗、幕墙、块材、板材加工应充分利用工厂化加工的优势,减少现场加工而产生的占地面积、耗能以及可能产生的噪声和废水等污染。

(3) 装饰用砂浆宜采用预拌砂浆,落地灰应回收使用。

(4) 装饰装修成品、半成品应采取保护措施,如图 5.99 所示。建筑装饰装修成品和半成品应根据其部位和特点采取相应的保护措施,避免因损坏、污染而造成返工。

图 5.98 混凝土预制构件

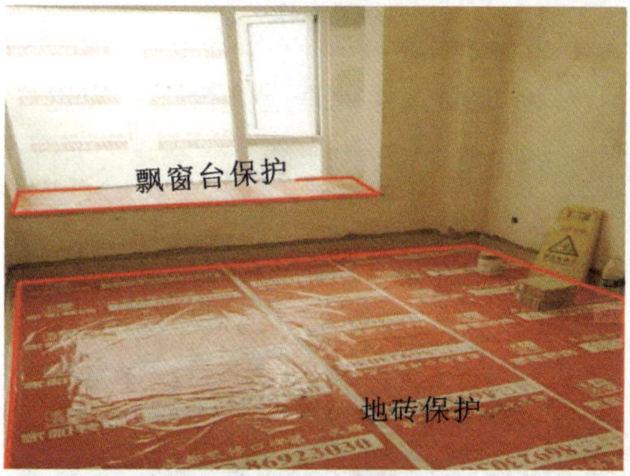

图 5.99 成品保护

(5) 材料的包装物应全部分类回收。

(6) 不得采用沥青类、煤焦油类材料作为室内防腐、防潮处理剂。

(7) 应制订材料使用的减量计划,材料损耗率宜比额定损耗率降低 30%。

(8) 室内装饰装修材料按现行国家标准《民用建筑工程室内环境污染控制标准》(GB 50325)的要求进行甲醛、氨、挥发性有机化合物和放射性物质等有害物质的检测。民用建筑工程的室内装修所采用的涂料、胶黏剂、水性处理剂,其所含的苯、甲苯和二甲苯、游离甲醛、游离甲苯二异氰酸酯(TDI)、挥发性有机化合物(VOC)的含量应符合《民用建筑工程室内环境污染控制标准》(GB 50325)的相关要求。

(9) 民用建筑工程验收时，必须进行室内环境污染物浓度检测，其限量值应符合表5.1的规定。其中Ⅰ类民用建筑工程是指住宅、医院、老年人建筑、幼儿园、学校教室等；Ⅱ类民用建筑工程是指办公楼、商场、旅店、文化娱乐场所、书店、图书馆、博物馆、美术馆、展览馆、体育馆、公共交通等候室等。表中污染物浓度限量，除氡外均指室内测量值扣除同步测定的室外上风向空气测量值(本底值)后的测量值。污染物浓度测量值的极限值判定采用全数值比较法。

表5.1 民用建筑工程室内环境污染物浓度限量

污染物	Ⅰ类民用建筑工程	Ⅱ类民用建筑工程
氡(Bq/m³)	≤200	≤400
甲醛(mg/m³)	≤0.08	≤0.1
苯(mg/m³)	≤0.09	≤0.09
氨(mg/m³)	≤0.2	≤0.2
TVOC(mg/m³)	≤0.5	≤0.6

5.4.5.2 地面工程

(1) 地面基层处理应符合下列规定：

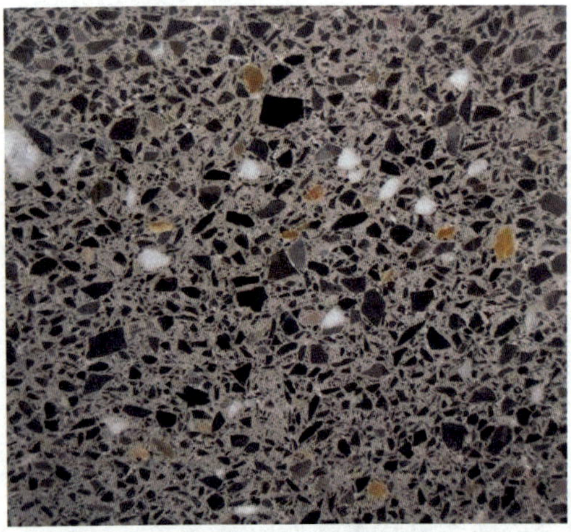

图5.100 水磨石地面

① 基层粉尘清理应采用吸尘器；没有防潮要求的，可采用洒水降尘等措施。

②基层需要剔凿的，应采用低噪声剔凿机具和剔凿方式。

(2) 地面找平层、隔汽层、隔声层施工应符合下列规定：

① 找平层、隔汽层、隔声层厚度应控制在允许偏差的负值范围内。

② 干作业应有防尘措施。

③ 湿作业应采用喷洒方式保湿养护。

(3) 水磨石地面施工应符合下列规定，如图5.100所示。

① 应对地面洞口、管线口进行封堵，墙面应采取防污染措施。

② 应采取水泥浆收集处理措施。

③ 其他饰面层的施工宜在水磨石地面完成后进行。

④ 现制水磨石地面应采取控制污水和噪声的措施。

(4) 施工现场切割地面块材时,应采取降噪措施,污水应集中收集处理。

(5) 地面养护期内不得上人或堆物,对地面养护用水应采用喷洒方式,严禁养护用水溢流。

5.4.5.3 门窗及幕墙工程

(1) 木制、塑钢、金属门窗应采取成品保护措施,如图 5.101 所示。

(2) 外门窗安装应与外墙面装修同步进行,宜采取遮阳措施。

(3) 门窗框周围的缝隙填充应采用憎水保温材料。

(4) 幕墙与主体结构的预埋件应在结构施工时埋设。

(5) 连接件应采用耐腐蚀材料或采取可靠的防腐措施。

(6) 硅胶使用应进行相容性和耐候性复试。

图 5.101 门窗成品保护

5.4.5.4 吊顶工程

(1) 吊顶施工应减少板材、型材的切割。

(2) 应避免采用温湿度敏感材料进行大面积吊顶施工。温湿度敏感材料是指变形、强度等受温度、湿度变化影响较大的装饰材料,如纸面石膏板、木工板等。使用温湿度敏感材料进行大面积吊顶施工时,应采取防止变形和裂缝的措施。

(3) 高大空间的整体顶棚施工,宜采用地面拼装、整体提升就位的方式。

(4) 高大空间吊顶施工时,宜采用可移动式操作平台等节能节材设施。可移动式操作平台可以减少脚手架搭设工作量,省材省工。

5.4.5.5 隔墙及内墙面工程

(1) 隔墙材料宜采用轻质砌块砌体或轻质墙板,严禁采用实心烧结黏土砖,如图 5.102 所示。

(2) 预制板或轻质隔墙板间的填塞材料应采用弹性或微膨胀材料。

(3) 抹灰墙面应采用喷雾法进行养护,如图 5.103 所示。

(4) 使用溶剂型腻子找平或直接涂刷溶剂型涂料时,混凝土或抹灰基层含水率不得大于 8%;使用乳液型腻子找平或直接涂刷乳液型涂料时,混凝土或抹灰基层含水率不得大于 10%。木材基层含水率不得大于 12%。涂料施工对基层含水率要求很高,应严格控制基层含水率，以避免引起起鼓等质量缺陷，提高耐久性。

(5) 涂料施工应采取遮挡、防止挥发和劳动保护等措施。

图 5.102　轻质墙板

图 5.103　喷雾养护

5.4.6　保温和防水工程

绿色施工中，保温和防水工程包括一般规定、保温工程、防水工程三部分相关内容。

5.4.6.1　一般规定

(1) 保温和防水工程施工时，应分别满足建筑节能和防水设计的要求。

(2)保温和防水材料及辅助用材，应根据材料特性进行有害物质限量的现场复检。行业标准《建筑防水涂料中有害物质限量》(JC 1066)对涂料类建筑防水材料的挥发性有机化合物(VOC)、苯、甲苯、乙苯、二甲苯、苯酚、蒽、萘、游离甲醛、游离甲苯二异氰酸酯 (TDI)、氨、可溶性重金属等有害物质含量的限值均作了规定。

(3) 板材、块材和卷材施工应结合保温和防水的工艺要求，进行预先排版。

(4) 保温和防水材料在运输、存放和使用时应根据其性能采取防水、防潮和防火措施。

5.4.6.2　保温工程

(1) 保温施工宜选用结构自保温、保温与装饰一体化、保温板兼作模板、全现浇混凝土外墙与保温一体化和管道保温一体化等方案。结构自保温是指保温性能及承载能力同时满足设计标准要求，不需要另外增加保温层的墙体；保温与装饰一体化是指装饰层同时兼作保温层的做法；保温板兼作模板是指将保温板辅以特制骨架形成的模板，可使结构层和保温层连接更为可靠；全现浇混凝土外墙与保温一体化是指墙体钢筋绑扎完毕，在混凝土浇筑之前将保温板置于外模内侧，混凝土浇筑后保温层与墙体有机地结合在一起的方法；管道保温一体化是指在生产过程中保温层与管道同时制作生产，无须在现场再进行保温层施工的方法。

(2) 采用外保温材料的墙面和屋顶，不宜进行焊接、钻孔等施工作业。确需施工作业时，应采取防火保护措施，并应在施工完成后及时对裸露的外保温材料进行防护处理。

(3) 应对外门窗安装，水暖及装饰工程需要的管卡、挂件，电气工程的暗管、接线盒及穿线等施工完成后进行内保温施工。

(4) 现浇泡沫混凝土保温层施工应符合下列规定：

① 水泥、集料、掺合料等宜工厂干拌、封闭运输。

② 拌制的泡沫混凝土宜泵送浇筑。

③ 搅拌和泵送设备及管道等冲洗水应收集处理。

④ 养护应采用覆盖、喷洒等节水方式。

(5) 保温砂浆施工应符合下列规定：

① 保温砂浆材料宜采用预拌砂浆。

② 现场拌和应随用随拌。

③ 落地浆体应收集利用。

(6) 玻璃棉、岩棉(图 5.104 至图 5.106)保温层施工应符合下列规定：

① 玻璃棉、岩棉类保温材料应封闭存放。

② 玻璃棉、岩棉类保温材料经现场裁切后的剩余材料应封闭包装、回收利用。

图 5.104 玻璃棉

③ 雨天、4 级以上大风天气不得进行室外作业。

玻璃棉、岩棉等纤维类保温材料施工时应做好劳动保护，以防矿物纤维刺伤皮肤和眼睛或吸入肺部。

图 5.105 岩棉板

图 5.106 岩棉卷毡

(7) 泡沫塑料类保温层施工应符合下列规定：

① 聚苯乙烯泡沫塑料板余料应全部回收。

② 现场喷涂硬泡聚氨酯时，应对作业面采取遮挡、防风和防护措施，如图 5.107 所示。由于喷涂硬泡聚氨酯施工受气候影响较大，若操作不慎会引起材料飞散，污染环境，故施工时应对作业面外易受飞散物污染的部位采取遮挡措施。喷涂硬泡聚氨酯时气温过高或过低均会影响其发泡反应，尤其是气温过低时不易发泡。

③ 现场喷涂硬泡聚氨酯时，环境温度宜在 10～40 ℃，空气相对湿度宜小于 80%，风力不宜大于 3 级。

5.4.6.3 防水工程

(1) 基层清理应采取控制扬尘的措施。

(2) 卷材防水(图 5.108)层施工应符合下列规定：

图 5.107 喷涂硬泡聚氨酯

图 5.108 卷材防水

① 宜采用自粘型防水卷材。

② 采用热熔法施工时，应控制燃料泄漏，并控制易燃材料储存地点与作业点的间距。在高温环境或封闭条件下施工时，应采取措施加强通风。

③ 防水层不宜采用热粘法施工。

④ 采用的基层处理剂和胶黏剂应选用环保型材料，并封闭存放。

⑤ 防水卷材余料应及时回收。

(3) 涂膜防水层施工应符合下列规定：

① 液态防水涂料和粉末状涂料应采用封闭容器存放，余料应及时回收。

② 涂膜防水宜采用滚涂或涂刷工艺，当采用喷涂工艺时，应采取防止污染的措施。

③ 涂膜固化期内应采取保护措施。

(4) 块瓦屋面宜采用干挂法施工。

(5) 蓄水、淋水试验宜采用非自来水水源。

(6) 防水层应采取可靠的成品保护措施。

5.4.7 机电安装工程

绿色施工中,机电安装工程包括一般规定、管道工程、通风工程、电气工程四部分相关内容。

5.4.7.1 一般规定

(1) 机电安装工程施工应采用工厂化制作、整体化安装的方法。

(2)机电安装工程施工前应对通风空调、给排水、强弱电、末端设施布置及装修等进行综合分析,并绘制综合管线图,如图 5.109 所示。

(3)机电安装工程的临时设施安排应与工程总体部署协调。工作平台、脚手架、施工配电箱、用水点、消防设施、施工通道、临时房屋设施和垂直运输设备等应综合利用,以免重复设置,浪费资源。

(4) 管线的预埋、预留应与土建及装修工程同步进行,不得现场临时剔凿,如图 5.110 所示。

(5) 除锈、防腐宜在工厂内完成,现场涂装时应采用无污染、耐候性好的材料。

(6) 机电安装工程应采用低能耗的施工机械。低能耗的施工机械包括采用变频控制的机电设备、变风压空调设备,以及通过认证的能效等级高的制冷设备等。

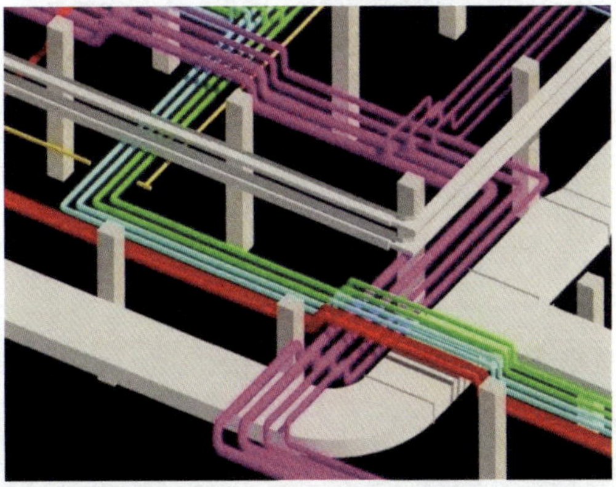

图 5.109 BIM **综合管线图**

图 5.110 电箱预留口

5.4.7.2 管道工程

(1) 管道连接宜采用机械连接方式。管道机械连接方式包括丝接、沟槽连接、卡压连接、法兰连接、承插连接等,如图 5.111 至图 5.114 所示。

(2) 采暖散热片组装应在工厂完成。

(3) 设备安装产生的油污应随即清理。

(4) 管道试验及冲洗用水应有组织排放,或处理后重复利用。

(5) 污水管道、雨水管道试验及冲洗用水宜利用非自来水水源。

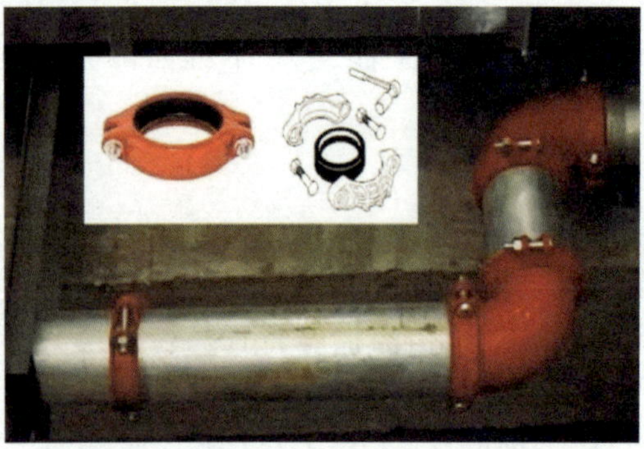

图 5.111 沟槽连接

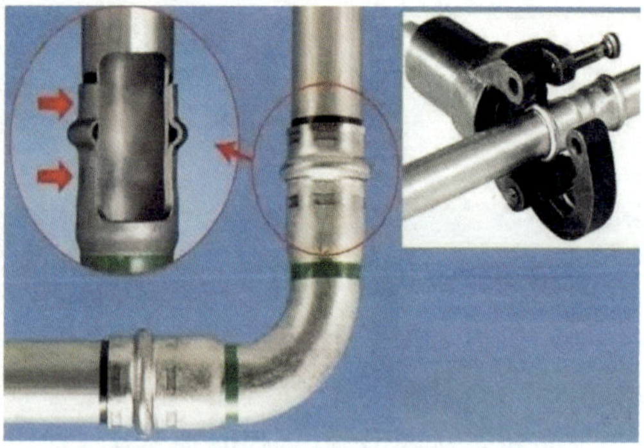

图 5.112 卡压连接

图 5.113 法兰连接

图 5.114 承插连接

5.4.7.3 通风工程

(1) 预制风管下料宜按先大管料、后小管料,先长料、后短料的顺序进行。

(2) 预制风管安装前应将内壁清扫干净。

(3) 预制风管连接宜采用机械连接方式。

(4) 冷媒储存应采用压力密闭容器。

5.4.7.4 电气工程

(1) 电线导管暗敷应做到线路最短。

(2) 应选用节能型电线、电缆和灯具等,并应进行节能测试。节能型电线和灯具是指使用寿命长、损耗率低、传导损耗小的新型节能产品。节能型电线包括节能型低蠕变导线、节能型增容导线、节能型扩容电线。节能型灯具包括卤钨灯、高低压钠灯、荧光高压汞灯、金属卤化物灯、高频无极灯、细管荧光灯、紧凑型荧光灯和 LED 灯等。

(3) 预埋管线口应采取临时封堵措施。

(4) 线路连接宜采用免焊接头和机械压接方式。

(5) 不间断电源柜试运行时应进行噪声监测。

(6) 不间断电源安装应防止电池液泄漏,废旧电池应回收。

(7) 电气设备的试运行不得低于规定时间,且不应超过规定时间的 1.5 倍。电气设备试运行时间不得低于规定时间,但也不宜过长,达到规定时间即可。特殊情况需延长试运行时间时,不应超过规定时间的 1.5 倍。

5.4.8 拆除工程

绿色施工中,拆除工程包括一般规定、拆除施工准备、拆除施工、拆除物综合利用四部分相关内容。

5.4.8.1 一般规定

(1) 拆除工程应制定专项方案。拆除方案应明确拆除的对象及其结构特点、拆除方法、安全措施、拆除物的回收利用方法等。

(2) 建筑物拆除过程应控制废水、废弃物、粉尘的产生和排放。

(3) 建筑物拆除应按规定进行公示。拆除工程相关信息的公示是保证拆除工程作业安全的手段。拆除前张贴告示,通知拆除工程附近的单位及路过的人群,提醒相关人员注意安全。大型拆除工程可通过电台等告知人们注意安全,如图 5.115 所示。

图 5.115 拆除工程公示

(4) 4 级及以上风力、大雨或冰雪天气,不得进行露天拆除施工。

(5) 建筑拆除物处理应符合充分利用、就近消纳的原则。建筑物拆除前应设置建筑拆除物的临时消纳处置场地,拆除施工完成后应对临时处置场地进行清理。

(6) 拆除物应根据材料性质进行分类,并加以利用;剩余的废弃物应做无害化处理。

5.4.8.2 拆除施工准备

(1) 拆除施工前拆除方案应得到相关方批准。应对周边环境进行调查和记录,界定影响区域。

(2) 拆除工程应按建筑构、配件的情况,确定保护性拆除或破坏性拆除。保护性拆除是指拆除过程有计划、按合理顺序，使结构构件或配件不产生破坏的拆除方式。破坏性拆除是指拆除过程中，对拆除物中的构件或配件不进行保护的拆除方式。

（3）拆除施工应依据实际情况，分别采用爆破拆除、机械拆除和人工拆除的方法。

（4）拆除施工前应制定应急预案。

（5）拆除施工前应制定防尘措施。采取水淋法降尘时，应有控制用水量和污水流淌的措施。

5.4.8.3 拆除施工

（1）人工拆除前应制定安全防护和降尘措施，如图5.116所示。拆除管道及容器时，应查清残留物性质并采取相应安全措施后，方可进行拆除施工。

（2）机械拆除宜优先选用低能耗、低排放、低噪声的施工机械，并应合理确定机械作业位置和拆除顺序，采取保护机械和人员安全的措施。

（3）在爆破拆除前，应进行试爆，并根据试爆结果对拆除方案进行完善。

（4）爆破拆除时防尘和飞石控制应符合下列规定：

① 钻机钻孔时，应设置粉尘收集装置，或采取钻杆带水作业等降尘措施。

② 爆破拆除时，可采用在爆点位置设置水袋的方法或多孔微量爆破方法。

③ 爆破完成后，宜用高压水枪进行水雾消尘。

④ 对于重点防护的范围，应在其附近架设防护排架，并挂金属网防护。

（5）对烟囱、水塔等高大建（构）筑物进行爆破拆除时（图5.117），应在倒塌范围内采取铺设缓冲垫层或开挖减震沟等触地防震措施。同时，应根据建筑物的体量计算倒塌时的触地震动力，采取相应的防震措施。

图5.116 降尘措施

图5.117 烟囱拆除

（6）在城镇或人员密集区域，爆破拆除宜采用噪声小、对环境影响小的静力爆破，并应符合下列规定：

① 采用具有腐蚀性的静力破碎剂作业时，灌浆人员必须戴防护手套和防护眼镜。

② 静力破碎剂不得与其他材料混放。

③ 爆破成孔与静力破碎剂注入不宜同步施工。

④ 静力破碎剂注入时，不得进行相邻区域的钻孔施工。

⑤ 孔内注入静力破碎剂后，作业人员应保持安全距离，不得在注孔区域行走。

⑥ 使用静力破碎剂发生异常情况时，必须停止作业，待查清原因采取安全措施后方可继续施工。

5.4.8.4 拆除物综合利用

(1) 建筑拆除物分类和处理应符合现行国家标准《工程施工废弃物再生利用技术规范》(GB/T 50743)的规定，剩余的废弃物应做无害化处理。现行国家标准《工程施工废弃物再生利用技术规范》对工程施工废弃物进行了明确的分类，规定了再生利用方法，对于无法再生利用的剩余废弃物应做无害化处理。

(2) 不得将建筑拆除物混入生活垃圾，不得将危险废弃物混入建筑拆除物。

(3) 拆除的门窗、管材、电线、设备等材料应回收利用，如图 5.118 所示。

图 5.118 拆除的窗

(4) 拆除的钢筋和型材应经分拣后再生利用。

5.5 绿色施工工程实例

全国建筑业绿色施工示范工程——

深圳市松坪村三期经济适用房施工总承包Ⅱ标段

5.5.1 工程概况

本工程建筑面积约 96426 m^2，由四栋塔楼组成(东区 1#、2# 楼为两栋 34 层住宅楼，地下室 2 层；西区 5#、6# 楼为两栋 35 层住宅楼，地下室 2 层)，冲孔灌注桩基础，框架-剪力墙结构。外墙装饰装修主要采用白色、深红色外墙涂料。如图 5.119、图 5.120 所示。

图 5.119　项目总图

图 5.120　建成后小区

施工承包范围：桩基与基础、地下室、主体结构、装饰与装修(室内小户型毛坯房)、人防工程、高低压配电、供电照明、给排水。

本工程于 2010 年 4 月 15 日开工，2012 年 9 月 28 日竣工验收。

5.5.2　绿色施工管理

(1) 组织管理

为了贯彻国家建筑节能的政策，加强绿色施工的指导和管理，本工程成立了集团公司、下属分公司、项目经理部的三级绿色施工领导小组，如图 5.121 所示。

(2) 规划管理

项目经理部依据已颁布的《绿色施工导则》编制了绿色施工方案，通过对施工过程的严格控制与管理，最大限度地节约资源和减少对环境的负面影响，实现“四节一环保”。

(3) 评价管理

集团公司出台了“绿色施工管理办法”“绿色施工奖罚规定”等规章制度，为绿色施工实施提供制度保证，如图 5.122、图 5.123 所示。

(4) 宣传管理

为了提高施工现场人员绿色施工的意识、落实绿色施工的各项内容，项目部加强了现场绿色施工和环境保护的宣传力度，同时组织管理人员认真学习了《绿色施工导则》《建筑工程绿色施工评价标准》《全国建筑业绿色施工示范工程申报与验收指南》等文件，如图 5.124、图 5.125 所示。

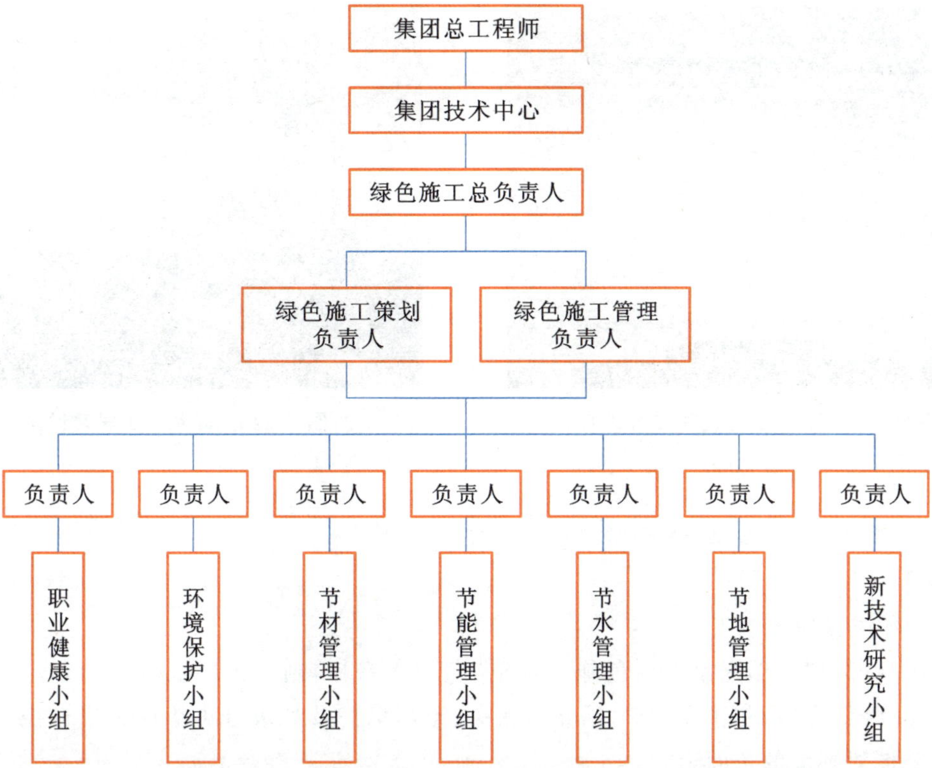

图 5.121 绿色施工组织机构

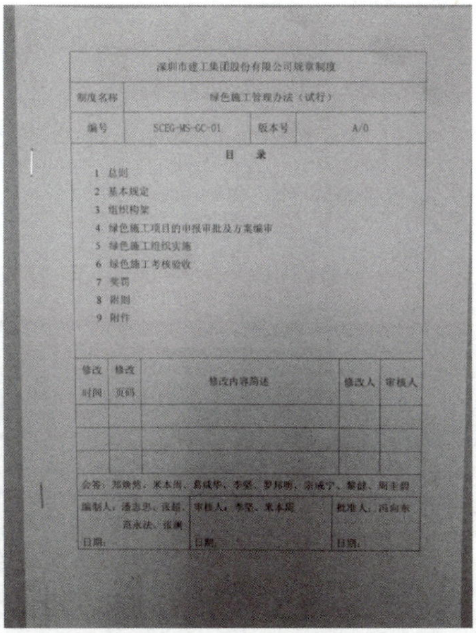

深圳市建工集团股份有限公司规章制度			
制度名称	绿色施工管理办法（试行）		
编号	SCEG-MS-GC-01	版本号	A/0

目　录

1 总则
2 基本规定
3 组织构架
4 绿色施工项目的申报审批及方案编审
5 绿色施工组织实施
6 绿色施工考核验收
7 奖罚
8 附则
9 附件

修改时间	修改页码	修改内容简述	修改人	审核人

会签：郑焕然、米本周、葛成华、李坚、罗拓明、宗成宁、黎健、周丰群

编制人：潘志忠、张超、范永法、张澜	审核人：李坚、米本周	批准人：冯向东
日期：	日期：	日期：

图 5.122 绿色施工管理办法

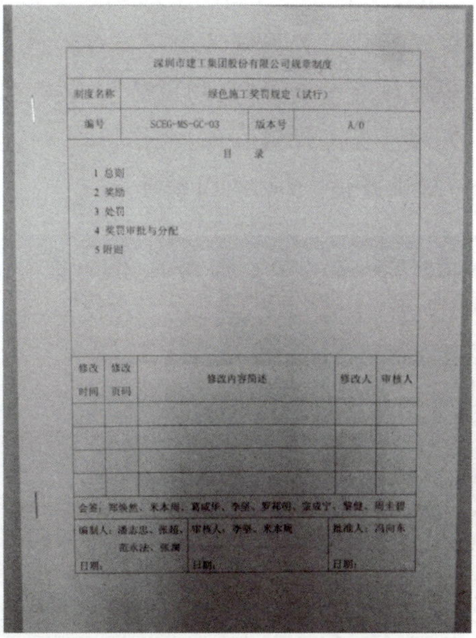

深圳市建工集团股份有限公司规章制度			
制度名称	绿色施工奖罚规定（试行）		
编号	SCEG-MS-GC-03	版本号	A/0

目　录

1 总则
2 奖励
3 处罚
4 奖罚审批与分配
5 附则

修改时间	修改页码	修改内容简述	修改人	审核人

会签：郑焕然、米本周、葛成华、李坚、罗拓明、宗成宁、黎健、周丰群

编制人：潘志忠、张超、范永法、张澜	审核人：李坚、米本周	批准人：冯向东
日期：	日期：	日期：

图 5.123 绿色施工奖罚规定

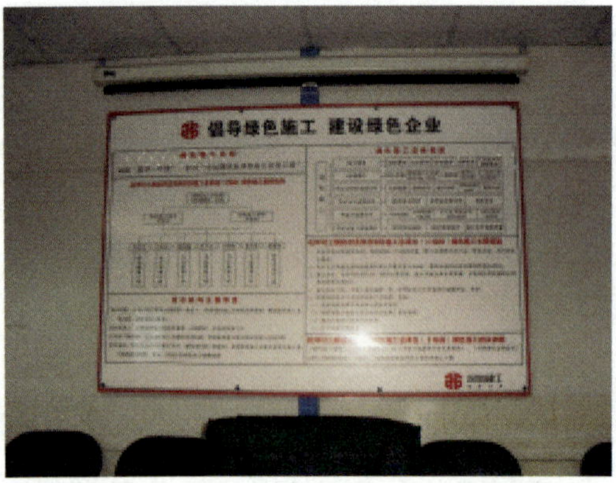

图 5.124 会议室绿色施工标识牌

图 5.125 绿色施工学习讨论

5.5.3 施工现场绿色施工管理措施

(1) 环境保护

本项目部以“争创国家级绿色施工示范工程”为宗旨，制订了环境管理计划，通过采取防止扬尘、降低噪声、防止光污染、防止水污染、土壤保护及垃圾分类等措施进行控制，最大程度地降低对环境的负面影响。

① 在现场入口处设置了绿色施工标牌，如图 5.126 所示，明确了绿色施工组织机构和各主要负责人的职责，编制了绿色施工拟采取的主要措施。

② 在醒目位置设置环境保护宣传标志(图 5.127)，大力宣传环境保护。

③ 项目部编制了“文物古迹和古树名木保护应急预案”，如图 5.128 所示。

④ 规范员工食堂管理，严格按相关文件办理卫生许可证(图 5.129)和人员健康证明，为员工提供舒适、放心的用餐环境。

图 5.126 绿色施工标牌

图 5.127 环境保护宣传标志

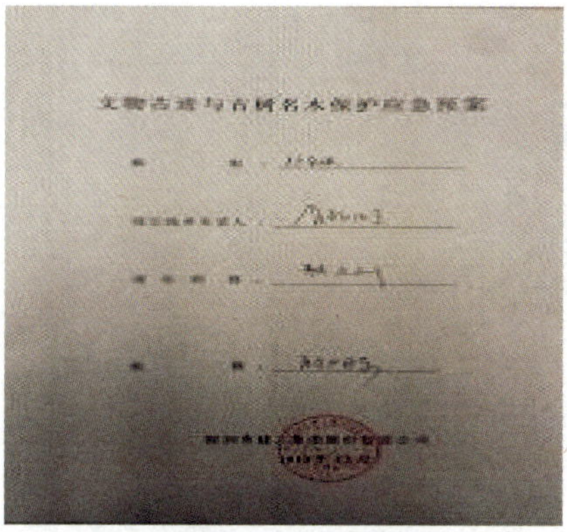

图 5.128 应急预案

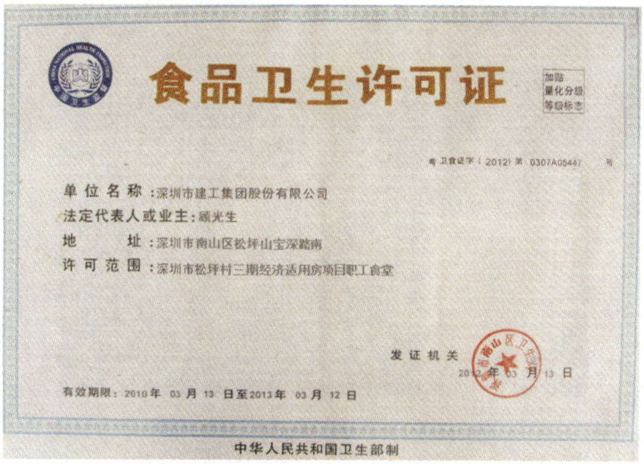

食品卫生许可证

加贴量化分级等级标志

粤卫食证字〔2012〕第 0307A05447 号

单位名称：深圳市建工集团股份有限公司

法定代表人或业主：顾光生

地址：深圳市南山区松坪山宝深路南

许可范围：深圳市松坪村三期经济适用房项目职工食堂

发证机关

2012 年 03 月 13 日

有效期限：2010 年 03 月 13 日至 2013 年 03 月 12 日

中华人民共和国卫生部制

图 5.129 卫生许可证

⑤ 资源保护

a. 本工程基坑面积 38600 m^2，基坑深度 10～12 m，采用排桩加桩间旋喷桩及两道锚索作基坑支护和止水帷幕，形成基坑封闭支护结构，保护了场地四周原有的地下水形态，如图 5.130 所示。

b. 水泥基防水涂料隔离存放并设置有毒有害物警示标志，如图 5.131 所示。

图 5.130 支护结构

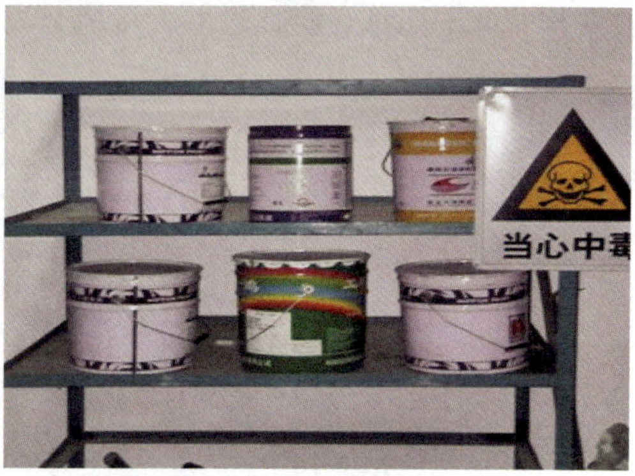

图 5.131 有毒有害材料存放

⑥ 人员健康管理

a. 生活区、办公区人性化管理，设施远离有毒有害物布置，确保现场人员健康；现场按照总平面图，将办公区设置在西区的南侧，距离施工区 25 m；生活区设置在距离现场约 1 km 的地方，该用地由建设单位提供。

b. 办公区均配置了空调（图 5.132）消暑，生活区工人宿舍屋顶采用了淋水降温措施。

c. 现场工人的劳动时间除地下室地板混凝土浇筑期间实行 12 h 一班制外，其他施工工序均为 8 h 工作制，节假日实行轮休制。

d. 电焊人员在进行焊接作业的时候应佩戴防护用具，涉及有毒有害物施工的作业人员应佩戴专用手套和口罩，如图 5.133 所示。

图 5.132 办公区安装空调

图 5.133 作业防护

e. 现场配电箱封闭设置并设置危险警示标志(图 5.134);电梯井口和基坑边坡等危险地段均采取围护措施(图 5.135);用于厨房和卫生间的水泥基防水涂料隔离存放并设置有毒有害物警示标志。以上措施有效地保证了现场人员的健康和安全,本工程施工期间,未发生此类人员伤亡事故。

f. 生活区和办公区的卫生设施、排水沟等位置安排专门人员定期每月进行消毒,如图 5.136 所示。

g. 项目部制定了“工地食堂管理制度”,食堂的各类器具采用消毒柜消毒(图 5.137),并安排人员定期每月检查炊事人员的个人卫生情况和操作行为是否符合规范。

图 5.134 配电箱设危险警示标志

图 5.135 围护措施

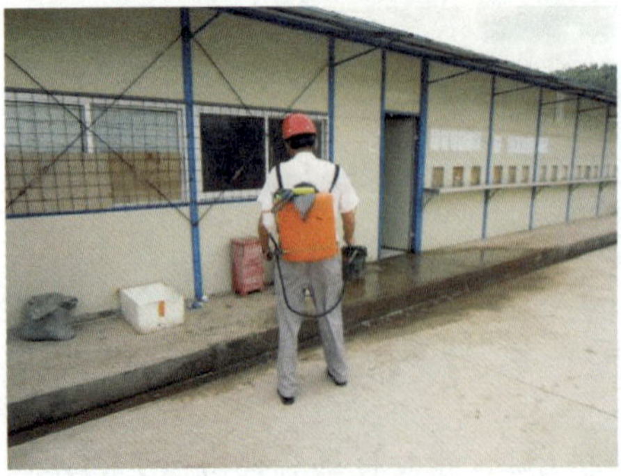

图 5.136 定期消毒

图 5.137 消毒柜

⑦ 扬尘控制

a. 项目经理部建立洒水制度，对主干道实施路面硬化，减少了部分扬尘；在部分区域设置喷淋管，定时喷水以减少场地扬尘，如图5.138所示；此外，还自制了专用洒水车，洒水车用水为基坑中的降水。

b. 场地内未挖除土方采用密目式安全网进行覆盖，避免起灰扬尘，如图5.139所示。

c. 现场工地大门入口设置了洗车池，保证了施工车辆不带泥土上路，如图5.140所示。

d. 木工房设置围挡(图5.141)，抑制扬尘；施工现场使用吸尘器，及时清扫落地灰、木屑等细小杂物。

e. 高空建筑垃圾袋装封口后由垂直电梯运输至地面，如图5.142所示。

f. 现场使用的散装水泥、预拌砂浆均采用罐装，有效地抑制了扬尘，如图5.143所示。

图5.138 喷淋管喷水

图5.139 密目式安全网覆盖

图5.140 入口洗车池

图5.141 木工房围挡

图5.142 垃圾装袋清运

图5.143 水泥罐装

⑧ 废气排放控制

a. 现场所有的进出车辆均通过机动车检验和环保检验，尾气的排放量符合国家要求。

图 5.144　电能和液化气作为生活能源

b. 现场主要使用电能和液化气作为生活能源，未使用煤和木材作为生活燃料，如图 5.144 所示。

c. 现场使用大西洋牌的电焊条，电焊烟气的排放符合国家标准。

d. 现场废弃物统一回收和处理，不允许在现场燃烧废弃物。

⑨ 建筑垃圾控制

a. 现场设置 3.5 m×2 m×1.2 m、2.5 m×5 m×1.2 m 两类废料池，如图 5.145 所示。建筑废料实行分类收集、集中堆放、统一处理，不仅实现了建筑废料的回收再利用，还有效地减少了建筑垃圾的产生。

b. 现场设置电池回收箱(图 5.146)，回收的废电池、现场办公产生的废墨盒，以及现场施工所产生的油漆桶、涂料桶均实行分类存放，每月交给环卫部门统一处理，避免对环境的污染。

c. 以上有毒有害废弃物均实行 100%分类，不允许混放。

d. 生活垃圾桶分为可回收利用和不可回收利用两类，定期袋装清运。

e. 本工程建筑共产生建筑垃圾 1829.81 t，回收利用率为 33%。

图 5.145　废料池

图 5.146　电池回收箱

⑩ 污水排放控制

a. 现场道路和材料堆放场地周边均设置了排水沟，如图 5.147 所示。

b. 现场工程污水、生活污水、实验室养护用水经三级沉淀处理，达到《污水综合排放标准》(GB 8978—1996)中的排放要求。项目部委托广州市二轻系统环境检测站每两个月对排放水质进行检测，并出具检测报告。

c. 现场办公区、生活区卫生间处设置三级化粪池(尺寸 1.6 m×1.2 m×2 m)(图 5.148),进行粪便处理,并定期清理。

d. 为了防止水污染,本工程生活区厨房设置了 1.0 m×1.8 m×0.8 m 的隔油池,下水道口安装了过滤网,指派专人定期清理。经过处理后排放到市政污水管道的生活污水,经广州市二轻系统环境检测站检测,达到了《污水综合排放标准》(GB 8978—1996)中的排放要求。

e. 现场设置了雨水管道和污水管道,确保雨水和污水分流排放到市政雨水管道和市政污水管道。

图 5.147　周边设置排水沟

图 5.148　三级化粪池

⑪ 光污染控制

a. 施工现场进行电焊作业时,加设尺寸为 2.4 m×1.2 m 的遮光板,避免电弧光外泄,如图 5.149 所示。白天阳光充足时,及时调整有反光情况的材料堆放角度,避免光源反射。夜间照明时,及时调整光源方向,避免射向居民区。

b. 工地大型照明灯具背向住宅区设置,并安装灯罩防止强光线外泄,如图 5.150 所示。

图 5.149　遮光板

图 5.150　照明灯罩

⑫ 噪声控制

a. 现场桩基施工采用旋挖机，和传统机械钻机相比大大降低了噪声污染。同时，项目部建立了“机械使用、保养制度”，现场施工机械、设备均按制度要求定期进行保养和维护。

b. 木工加工等噪声较大的设备离现场办公区、生活区和周边住宅区 50 m 以上，并在东、西两个区各设置两个噪声检测点，如图 5.151 所示。项目部安排专门人员定期检测，确保本工程所有施工阶段的噪声控制在国家标准《建筑施工场界环境噪声排放标准》(GB 12523)的规定以内。同时，项目部还委托了广州市二轻系统环境监测站每两个月定期进行噪声监测，并出具监测报告。

c. 现场混凝土输送泵设置了减噪棚(图 5.152)，木工加工间设置了隔声围挡，有效地降低了噪声。

d. 本工程除 2010 年 11 月至 2011 年 1 月地下室底板施工需作业至夜间 22 时以外，其他施工工序均在白天进行。项目部按照国家标准《建筑施工场界环境噪声排放标准》(GB 12523)的相关规定，严格把夜间施工噪声声强值控制在 55 dB 以内，尽可能地做到夜间施工不扰民。

e. 吊装作业指挥使用对讲机传达指令，避免现场施工大声喊话。

图 5.151 噪声点测量

图 5.152 减噪棚

图 5.153 全封闭围护

⑬ 现场的四周采用彩钢板围墙全封闭围护(图 5.153)，确保现场施工安全并有效隔绝了各类污染对周边环境的负面影响。

⑭ 东区基坑车道开挖的 4000 m^3 土方回填至西区基坑边；东西区开挖承台地梁的 500 m^3 土方作为砖胎膜两侧土方回填，实现了土方合理使用。

⑮ 西区基坑边的西边为松坪学校小学部，项目部设置 4.5 m×50 m 的隔声挡板，有效降低了该区域周边环境的噪声污染。

⑯ 现场设置噪声监测点，实施动态监测，同时项目部还委托广州市二轻系统环境监测站每两个月定期进行噪声强度检测，并出具检测报告，检测结果均在现行国家标准《建筑施工场界环境和噪声排放标准》(GB 12523)规定的限值以内。

⑰ 现场在生活区设置医务室，医务室内存放能够简单处理伤病的药品，随时为参建员工提供日常医疗咨询和服务。同时，在施工方案中根据不同专业编制了人员健康应急预案，并于 2010 年 7 月组织了深圳市市级应急救援演练，提高了现场人员的应急能力。

⑱ 现场施工道路采用自动喷雾装置进行降尘。

(2) 节材与材料资源利用

① 严格遵循就地取材原则，确保材料产地距施工现场 500 km 以内范围的比率达到 90%以上。本项目主要建筑材料用量和运距统计如下：钢筋产地距施工现场 500 km 以内的比率达到了 92%；砂浆、混凝土和加气砖的比率均为 100%。

② 项目部建立了“机械使用、保养制度”“限额领料制度”“建筑垃圾再生利用制度”等规章制度，为绿色施工节约材料提供了制度保障，如图 5.154 所示。

③ 材料选择

a. 本工程楼梯走道及地下室公共部分内墙涂料采用广东某建材股份有限公司生产的环保墙面漆，该涂料通过了 ISO 14001 环境管理体系认证，具有中国环境标志，为绿色环保材料，避免了涂料对室内环境的污染。

b. 临时设施采用标准化、工具化、定型化设施：现场施工区和办公区采用定型化可周转移动板房、移动围墙，装拆简便，可反复利用；采用集装箱制作成品的厕所、淋浴房、仓库、标准养护室等设施，既美观实用，又移动方便，还可多次利用。

c. 本工程中用于浇筑地下室底板的混凝土，通过添加Ⅱ级粉煤灰、SY-G 膨胀剂、缓凝高效减水剂 TH6 等外加料，减少了水泥用量，水胶比为 0.39，如图 5.155 所示。

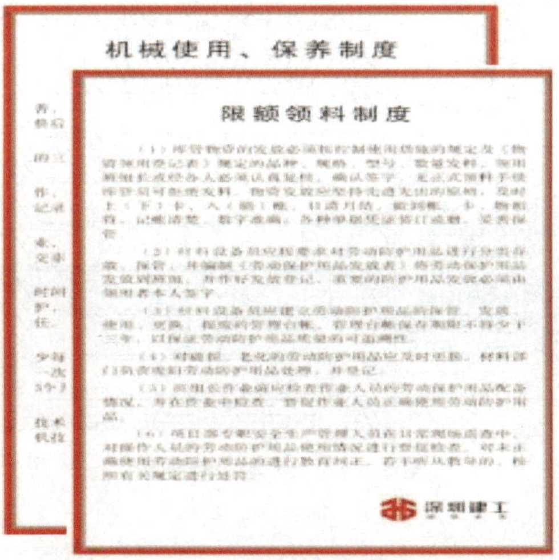

图 5.154　制度保障

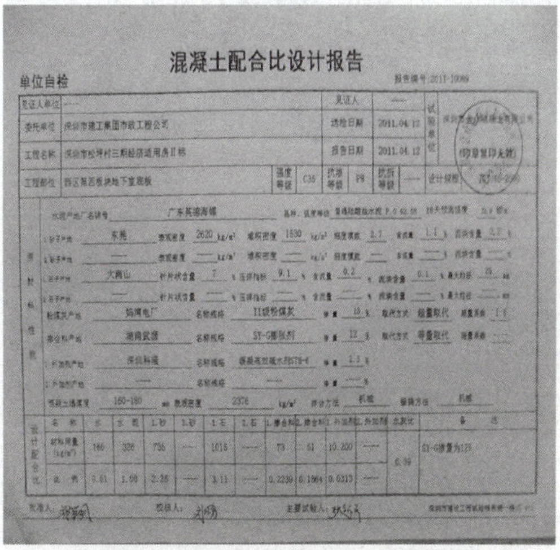

图 5.155　混凝土配合比设计报告

④ 材料节约

本工程主要从标准化、工具化、定型化设施的利用，钢材、木材、混凝土、安全防护材料及建筑垃圾等几个方面进行节材。通过采取合理安排材料采购，减少建筑垃圾产生量，尽量利用可循环材料，优化钢筋、模板配料和优化安装工程的预留、预埋、管线路径等措施，达到了节约材料的目的。

a. 与设计单位协商，将基础工程中的钻孔桩变更为旋挖桩施工，其成孔扩孔系数小于钻孔桩机，减少了弃土量，同时也节约了混凝土的使用量。

b. 本工程的外脚手架全部采用悬挑式脚手架。

c. 标准层楼梯东、西区（各一套）采用定型的钢楼梯模板，确保施工质量，提高施工效率，提高材料使用率，如图 5.156 所示。

d. 使用斗车运送砂浆时，装至斗车容量的 80%即可，避免砂浆散落、浪费。

e. 项目部针对地下室钢筋用量大的特点，开展了课题为“降低建筑地下室钢筋混凝土结构的钢筋损耗率”的工程 QC 小组活动，取得了较好的效果，并荣获 2011 年深圳工程建设优秀 QC 小组成果优秀奖。

f. 本工程的砌体施工之前，项目部对砌块的位置进行了预先排版，实现了砌块的合理利用，减少了浪费，如图 5.157 所示。

g. 本工程应用《建筑业 10 项新技术》(2010 版)6 个大项、1 项创新应用、15 个子项，节约了工程成本。

h. 本工程脚手架全部采用钢管脚手架，墙柱模板全部采用钢管楞梁模板，模板周转利用次数达到 11 次。

i. 采用地磅对进场材料进行计量，避免材料管理中的浪费。

图 5.156 定型的钢楼梯模板

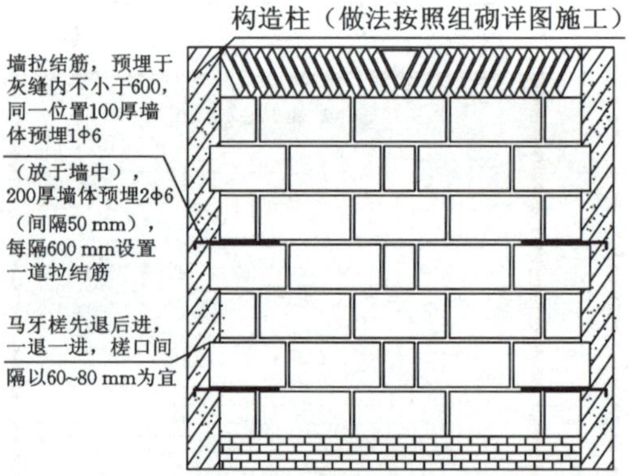

图 5.157 砌体预先排版

⑤ 资源再生利用

a. 现场产生的建筑余料分类收集，集中堆放；在符合质量要求的前提下，尽可能地利用建筑余料；对于不能利用的废弃物，统一处理，既节约了材料，又实现了资源的回收利用，还减少了建筑垃圾的产生。

b. 钢筋余料利用：把钢筋尾料改作马凳、排水沟箅子、楼梯踏步、预埋件以及洞口附加筋，如图 5.158 所示；废旧钢筋放入钢筋废料池。木材余料利用：将废旧模板用作安全通道踏步、悬挑脚手架和水平防护棚的封闭，如图 5.159 所示。混凝土、砂浆余料利用：利用混凝土搅拌运输车中剩余混凝土对现场硬化道路修补、制作各类预制件，如过梁、模板支架钢管底座等，如图 5.160 所示；使用预拌砂浆余料制作垫块。对落地混凝土及时清理、及时回收，用于浇筑或填充。

c. 本工程东西区之间的松坪街市政道路，在顶部设置防护棚，作为施工道路，提高了现有资源的利用率，减少了临时道路的修建。

d. 现场办公用纸严格管理，非重要资料文件严格执行双面打印；不可再利用的废旧纸张集中处理，如图 5.161 所示。

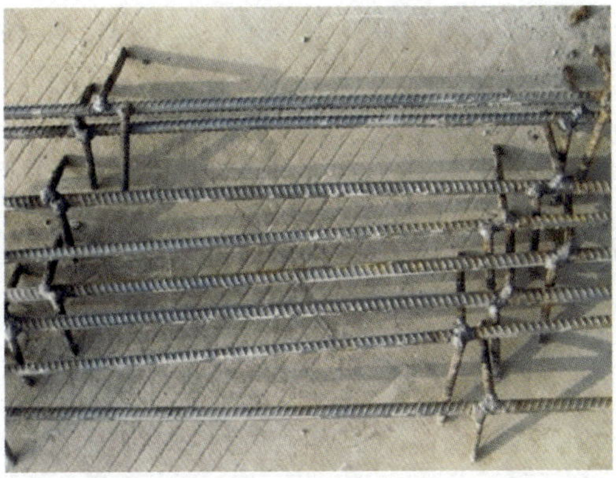

图 5.158 利用钢筋尾料制作马凳

图 5.159 采用废旧模板的安全通道

图 5.160 混凝土余料制作过梁

图 5.161 办公用纸分类摆放、重复利用

⑥ 项目部根据施工进度计划编制了材料使用计划，做到科学计量、合理安排，不仅减少

了资金占用和库存，而且减少了材料的浪费。

⑦ 本工程砌体与抹灰采用预拌砂浆，应用总量为 6929 m^3，使用了妈湾电厂生产的Ⅱ型粉煤灰，掺量为 36%，节约了水泥用量，减少了现场扬尘。

⑧ 室外施工电梯防护门均采用自制的标准化、定型化防护门，可多次重复利用，节省资源。

(3) 节水与水资源利用

① 本工程在签订分包或劳务合同的时候，根据项目制定的用水定额计算出每个分包合同的预计用水量，并将此作为节水指标列入分包合同，以此保证参建各方节约用水，减少浪费。

② 本工程各分包单位用水量均分别计量，根据合同条款中的节水指标予以考核，超出节水指标的用水量将额外征收 30%的水费。

③ 节约用水

a. 项目部根据以往类似项目(深云村项目)用水情况，结合本工程实际，制定了用水定额，如表 5.2 所示。

表 5.2 用水定额

序号	区域	目标耗水指标(m^3/m^2)	目标耗水量(m^3)
1	生活区	0.35	33749.100
2	办公区	0.008	771.408
3	施工区(含桩基)	0.934	90061.884
4	桩基	0.460	44355.960
5	整个区域	1.292	124582.392

b. 本工程充分利用周边已有消防栓，解决工地消防用水问题；现场施工用水按照计算采用 *DN*50 管进行供水，并做到管道连接严密，无任何渗漏，减少了水的用量，避免浪费。

c. 项目部统一对现场用水进行了合理规划设计，100%采用节水型器具，大大提高了用水效率，如图 5.162 所示。

d. 现场施工区、办公区和生活区用水分别计量(图 5.163)，并设置明显节水警示标识。项目经理部派专人负责对总水表和各分水表逐月抄数。

e. 施工混凝土浇筑完毕后，楼板采用麻袋片覆盖浇水养护(图 5.164)，柱混凝土采用塑料薄膜包裹保水养护(图 5.165)。

f. 项目部安排人员定期检查用水管网和器具，如有渗漏及时修理、更换，减少水资源的浪费。

图 5.162　节水龙头

图 5.163　水表计量

图 5.164　麻袋片养护

图 5.165　薄膜养护

④ 水资源的利用。基坑积水抽取至基坑顶周边排水沟，经三级沉淀池后用于绿化灌溉及场地降尘洒水车洒水等，如图 5.166 所示。

⑤ 本工程利用地下室 6 个集水坑(2 m×1.8 m×1.2 m)，在基坑顶面和生活区设置蓄水池及水泵，将基坑内的水及雨水收集后集中沉淀处理，再引至各施工区、加工场并循环利用，满足了混凝土养护、消防、降尘、车辆冲洗、厕所冲洗和工人宿舍屋顶降温等用水，总节水量为 9182 m^3。

⑥ 现场通过集水坑收集的雨水沉淀后进入 4 个蓄水罐，然后通过高压泵把水抽至各楼层用于混凝土养护，如图 5.167 所示。

⑦ 生活区部分雨水经排水沟收集、沉淀后进入蓄水池，通过自动泵抽取用于宿舍屋顶喷淋降温、绿化灌溉、生活区降尘，如图 5.168 所示。

⑧ 洗浴间生活用水与部分雨水经收集后，汇入到洗浴间蓄水池(3 m×3 m×1.5 m)，通过自动泵抽取到高位水箱，用于生活区厕所的冲洗，如图 5.169 所示。

图 5.166　三级沉淀池

图 5.167　水泵和蓄水罐

图 5.168　屋顶淋水降温、冲洗厕所采用循环水

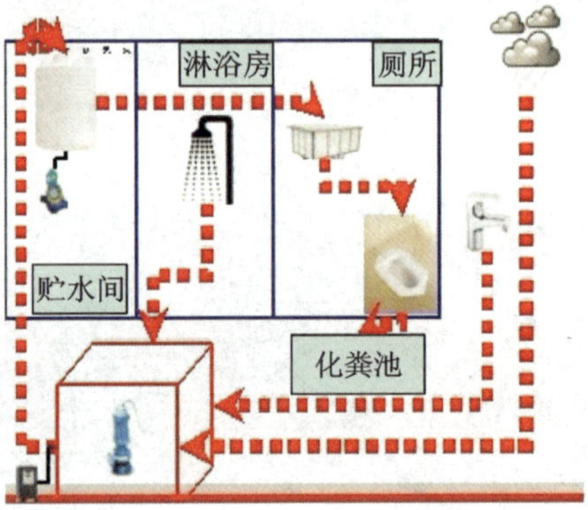

图 5.169　循环水利用系统

(4) 节能与能源利用

① 节能控制措施

a. 在职工宿舍内安装专用电流限流器，禁止使用大功率装置，一经发现处以 100～500 元罚款，当电流超过允许范围时自动断电。

b. 办公区域、宿舍区域、施工现场推广采用节能灯具，并做好用电记录。

c. 严格控制生活区、办公区空调使用温度，制冷温度应设置在 26 ℃以上。

d. 生活区、办公区、施工现场派专人检查巡视，做到人走灯熄、人离机停。

e. 高层施工临时用水通过安装变频器调节泵机，大大节约用电费用。

② 施工电梯、塔吊等主要耗能设备均装设独立电表，项目部安排专门人员每月定期进行耗电量核算。

③ 本工程未使用国家、行业、地方政府明令淘汰的施工设备、机具和产品。

④ 临时用电管理

a. 项目经理部在工程施工前期准备阶段，合理规划现场临时用电布设，尽可能采用节能设施。

b. 项目经理部制定了项目临时用电管理制度。

c. 本工程编制了“施工临时用电施工组织设计”，按照行业标准《施工现场临时用电安全技术规范》(JGJ 46)的规定设计现场照明，确保了现场临时用电的安全。

⑤ 机械设备管理

a. 本工程桩基施工采用了旋挖机钻孔。和传统机械的钻孔机相比，采用旋挖机不仅成本低、效率高，而且大大降低了泥浆排放量和能耗，如图 5.170 所示。

b. 东、西区各共享一个木工加工区和钢筋加工区，实现钢筋加工机具和木工加工机具共享，减少能耗。

c. 施工电梯、塔吊等主要耗能设备均装设独立电表，项目部安排专门人员每月定期进行耗电量核算。

d. 项目部建立了机械设备的施工安全管理资料档案，并根据“机械设备、保养制度”定期进行设备的维护和保养，如图 5.171 所示。

图 5.170 旋挖机施工

图 5.171 安全管理资料

⑥ 临时设施管理

a. 现场办公室、会议室的窗户均设置了百叶窗帘，既通风又合理采用了自然光。

b. 现场办公室和生活区宿舍用房均采用某品牌板房，该板房墙板热工性能达标，会议室顶棚采用吊顶。

⑦ 材料运输与施工

a. 严格遵循就地取材原则，确保材料产地距施工现场 500 km 以内范围的比率达到 90%以上。

b. 与相关单位协商后本工程部分桩基的钻孔桩工艺改为旋挖钻孔工艺，不仅成本低、效率高，而且大大降低了泥浆排放量和能耗。在主体施工阶段，取消顶棚抹灰层工艺、钢管楞梁模板施工工艺，提高了墙面的垂直度和平整度，减少了大量的抹灰材料消耗。

c. 项目部编制了控制性的施工总进度计划和用于指导施工的月形象进度计划，合理安排了施工进度和施工工序。东、西区 4 栋楼流水作业，均衡施工，避免了突击赶工的无序施工。

d. 本工程地下室底板按后浇带分块施工，除地下室混凝土浇筑时工人劳动时间为 10～12 h 外，其他均在白天施工，保证了劳动工效。

⑧ 现场东、西区各设置 1 台变频器调节泵机，用于高层施工临时用水，降低了耗电量，如图 5.172 所示。

⑨ 夜间施工现场照明采用 2000 W 节能灯(图 5.173)，具有双次镇流变压专利技术，可自动调节电压，使用寿命长，相比 3500 W 镝灯每月每盏灯节省电费 540 元(每天开灯 10 h，电费价格 1.2 元/度)，一年节省(6 盏灯)电费 38880 元。办公区采用 T5 直管节能荧光灯、灯盘代替 T8 直管节能荧光灯、灯盘。

⑩ 施工现场、办公区临时设施及宿舍区分别安装电表计量，便于监测分析施工高峰期最高用电负荷、各施工阶段用电趋势，以及生活区实际用电量，最终为统计该工程总用电量提供更为准确的参考数据。

图 5.172　地下室变频水泵机

图 5.173　施工现场节能灯具

(5)节地与土地资源保护

① 该项目地处市区，周边为松坪村二、三期住宅楼及市政道路，该项目施工的一大难点就是基坑周边可利用场地非常狭小，因此从施工总平面布置上对办公临时设施位置、材料堆场、材料加工区、临时道路等进行了科学合理的规划。

② 本工程施工现场用地范围，按照深圳市颁发的建设用地规划许可证书上所批准的建设工程用地为准。生活区设置在甲方市政建设用地(松坪山公园)的范围内。

③ 根据建设单位提供的设计资料，在工程施工前，本工程在施工现场范围内并无基础设施管线分布，施工过程中也未发现任何管线；毗邻区域均为住宅小区和市政道路，无人文景观保护要求。

④ 节约用地

a. 现场办公和生活建筑的布置充分考虑场地狭小的因素，临时房屋建设尽量考虑其适用性及紧凑性，且尽量采用两层的可周转移动板房，尽量减少用地面积。临时用地面积为 1973 m^2，单位工程总建筑面积为 96426 m^2，单位建筑面积施工用地率为 2%。

b. 本工程在建设单位提供的建设用地范围内组织施工。

c. 现场设立双车道，车道宽 4.5 m，既满足施工需要，又符合消防安全疏散要求。

d. 本工程充分利用了现有市政道路松坪街，提高了现有资源的利用率，减少了临时道路的修建。

e. 本工程所有施工均采用商品混凝土，共计 79124 m^3，减少了现场临时占地面积和扬尘。

⑤ 现场生活区和临时道路均实现了硬地化和绿化，不仅减少了扬尘，还避免了水土流失，如图 5.174 所示。

⑥ 现场临时办公和生活用房采用结构可靠的两层轻钢活动板房，减少了临时用地面积，如图 5.175 所示。

⑦ 生活区 8 人间宿舍尺寸为 3.6 m×7.4 m，平均 3.3 m^2/人，尽量做到了占地面积小，同时兼顾了住宿人员的舒适性。

图 5.174 生活区硬地化和绿化

图 5.175 可周转移动板房

5.5.4 绿色施工技术与创新

(1) 采用的绿色施工技术

本工程采用了如下有利于绿色施工开展的新技术(按《建筑业 10 项新技术》)：基坑施工封闭降水技术、施工过程水回收利用技术、预拌砂浆技术、外墙体自保温体系施工技术。

① 基坑施工封闭降水技术

本工程基坑面积 38600 m^2，基坑深度 10～12 m，采用排桩加桩间旋喷桩及两道锚索作基坑支护和止水帷幕，形成基坑封闭支护结构，如图 5.176 所示，保证了基坑安全，且周边市政道路及住宅未见任何下沉、开裂。

② 施工过程水回收利用技术

本工程在基坑底、顶面和生活区设置蓄水池及水泵，将基坑内的水及雨水收集后集中沉淀处理，再引至各施工区、加工场并循环利用，满足了混凝土养护、消防、降尘、车辆冲洗、厕所冲洗和工人宿舍屋顶降温等用水(图 5.177)，总节水量为 9182 m^3。

图 5.176　基坑施工封闭降水技术

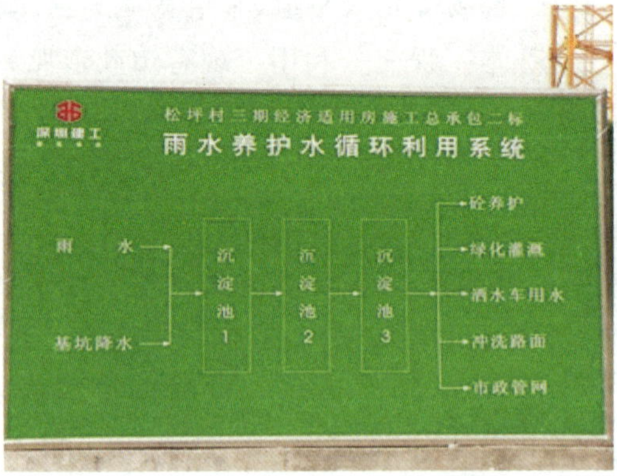

图 5.177　施工过程水回收利用

③ 预拌砂浆技术

本工程砌体与抹灰采用预拌砂浆，应用总量为 6929 m^3，改变了常规的现场自拌砂浆施工方法，减少了材料浪费，降低了砂浆拌制的噪声和尘土污染，提高了文明施工水平。

④ 外墙体自保温体系施工技术

本工程的外墙填充墙采用蒸压加气混凝土砌块，使用量为 2938 m^3，外墙自保温材料的使用，提高了施工效率，减轻了建筑物自重，节约了能源。

(2) 自主创新的绿色施工技术——现浇墙柱钢管楞梁模板施工技术

钢管楞梁的刚度较大，整体稳定性较好，保证了不同设计高度下混凝土结构质量要求。钢管楞梁模板所采用的钢管材料可多次周转、重复使用，而且损耗率几乎为零，因此在施工中节省了成本，节约了大量的木材资源，达到“四节一环保”绿色施工要求。钢管楞梁与模板支架采用同一种材料，可灵活组合，安装速度快，节省了人工费、机械费，加快了施工进度。以深圳市松坪村三期经济适用房项目施工总承包(Ⅱ标段)建筑面积 96426 m^2 为例，可节省费用 8.45 万元(工期节省费用未计)，有较好的社会和经济效益。

本工程通过申请并已颁发国家专利证书两项，分别为“一种钢管连接件”(图 5.178)和“一种钢管接长件”。依托于项目研发的“钢管楞梁模板施工技术”科技成果，经广东省住房和城乡建设厅在广州组织专家鉴定，达到国内先进水平，符合国家提倡的“四节一环保”绿色施工要求(图 5.179)，形成了一项施工工法“现浇墙柱钢管楞梁模板施工工法”，已通过深圳市市级工法初审，已申报广东省省级工法。

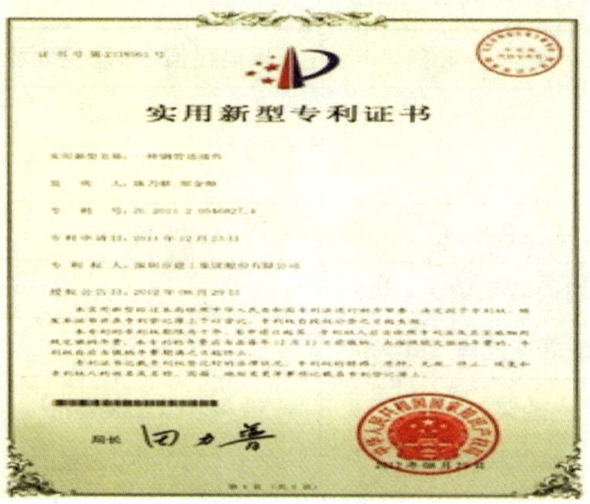

实用新型专利证书

局长 田力普

图 5.178 专利

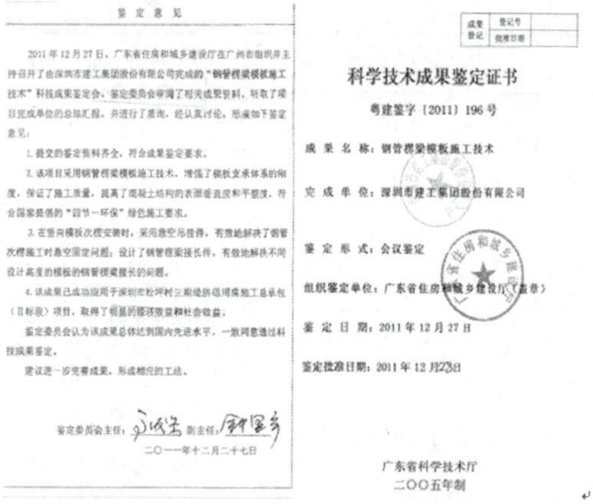

鉴定意见

2011 年 12 月 27 日，广东省住房和城乡建设厅在广州市组织并主持召开了由深圳市建工集团股份有限公司完成的"钢管楞梁模板施工技术"科技成果鉴定会，鉴定委员会审阅了相关成果资料，听取了项目完成单位的总结汇报，并进行了质询，经认真讨论，形成如下鉴定意见：

1. 提交的鉴定资料齐全，符合成果鉴定要求。

2. 该项目采用钢管楞梁模板施工技术，增强了模板支承体系的刚度，保证了施工质量，提高了混凝土结构的表面垂直度和平整度，符合国家提倡的"四节一环保"绿色施工要求。

3. 在竖向模板次楞安装时，采用悬空吊挂件，有效地解决了钢管次楞施工时悬空固定问题；设计了钢管楞梁接长件，有效地解决不同设计高度的模板的钢管楞梁接长的问题。

4. 该成果已成功应用于深圳市松坪村三期经济适用房施工总承包（Ⅱ标段）项目，取得了明显的经济效益和社会效益。

鉴定委员会认为该成果总体达到国内先进水平，一致同意通过科技成果鉴定。

建议进一步完善成果，形成相应的工法。

鉴定委员会主任： 副主任：

二〇一一年十二月二十七日

成果登记	登记号	
	批准日期	

科学技术成果鉴定证书

粤建鉴字〔2011〕196 号

成果名称：钢管楞梁模板施工技术

完成单位：深圳市建工集团股份有限公司

鉴定形式：会议鉴定

组织鉴定单位：广东省住房和城乡建设厅（盖章）

鉴定日期：2011 年 12 月 27 日

鉴定批准日期：2011 年 12 月 28 日

广东省科学技术厅

二〇〇五年制

图 5.179 成果鉴定

(3) 设计方案中节能环保内容完成情况

本工程的节能分部工程于 2012 年 10 月 30 日通过了深圳市住房和建设局的专项验收。

5.5.5 绿色施工成效

(1) 环境保护成效

把建筑垃圾、噪声控制、水污染控制、扬尘措施和光源控制作为环境保护成效的主要指标，对比目标值与实际完成值，如表 5.3 所示。

表 5.3 环境保护成效

序号	主要指标	目标值	实际完成值
1	建筑垃圾	产生量小于 1900 t，再利用率和回收率达到 30%以上	产生量 1830 t，再利用率和回收率达到 33%
2	噪声控制	昼间≤70 dB，夜间≤55 dB	昼间≤70 dB，夜间≤55 dB
3	水污染控制	pH 值达到 6～9	pH 值达到 6.0～8.01
4	扬尘措施	结构施工扬尘高度≤0.5 m，基础施工扬尘高度≤1.5 m	结构施工扬尘高度≤0.4 m，基础施工扬尘高度≤1.3 m
5	光源控制	达到环保部门规定	达到环保部门规定

(2) 节材与材料资源利用成效

把项目施工所用的主材作为节材与材料资源利用的主要控制指标，将预算损耗与实际损耗进行对比，如表 5.4 所示。

表 5.4 节材与材料资源利用成效

序号	主材名称	预算损耗值	实际损耗值	实际损耗值/总建筑面积
1	钢材	224 t	155 t	0.0016 t/m^2
2	商品混凝土	1194 m^3	732 m^3	0.0075 t/m^2
3	木材	82.5 m^3	41.2 m^3	0.0004 t/m^2
4	模板	平均周转次数为 8 次	平均周转次数为 11 次	—
5	围挡等周转设备(料)	重复使用率 100%	重复使用率 100%	—
6	其他主要建筑材料	砂浆:405 t 加气块:162 m^3	砂浆:320 t 加气块:94 m^3	砂浆:0.0033 t/m^2 加气块:0.0010 t/m^2
7	就地取材≤500 km 以内的占总量 92%以上			
8	回收利用率为 33% 回收利用率=[施工废弃物实际回收利用量(t)/施工废弃物总量(t)]×100%			

(3) 节水与水资源利用成效

通过对施工阶段及区域进行划分,将每个区域的目标耗水量与实际耗水量进行对比,如表 5.5 所示。

表 5.5 节水与水资源利用成效

序号	施工阶段及区域	目标耗水量	实际耗水量	实际耗水量/总建筑面积
1	生活区	33749.1 m^3	31600 m^3	0.328 m^3/m^2
2	办公区	771.408 m^3	626 m^3	0.006 m^3/m^2
3	生产作业区	90061.884 m^3	83174 m^3	0.863 m^3/m^2
4	整个施工区	124582.392 m^3	115400 m^3	1.197 m^3/m^2
5	节水设备(设施)配置率	100%	100%	—
6	非市政自来水利用量占总用水量	10%	11.7%	—

(4)节能与能源利用成效

通过对施工阶段及区域进行划分,将每个区域的目标耗电量与实际耗电量进行对比,如表 5.6 所示。

表 5.6 节能与能源利用成效

序号	施工阶段及区域	目标耗电量	实际耗电量	实际耗电量/总建筑面积
1	生活区	154281.6 kW·h	129800 kW·h	1.346 $kW\cdot h/m^2$
2	办公区	134996.4 kW·h	92959 kW·h	0.964 $kW\cdot h/m^2$

续表 5.6

序号	施工阶段及区域	目标耗电量	实际耗电量	实际耗电量/总建筑面积
3	生产作业区	1494603 kW・h	1377541 kW・h	14.286 kW・h/m^2
4	整个施工区	1783881 kW・h	1600300 kW・h	16.596 kW・h/m^2
5	节电设备(设施) 配置率	100%	100%	—

(5) 节地与土地资源利用成效

通过对施工项目进行划分，将每个区域的目标值与实际值进行对比，如表 5.7 所示。

表 5.7 节地与土地资源利用成效

序号	项目	目标值	实际值
1	生活区面积	1100 m^2	996 m^2
2	办公区面积	1000 m^2	977 m^2
3	生产作业区面积	15000 m^2	14208 m^2
4	办公区、生活区面积与生产作业区面积比率	14.67%	13.89%
5	施工绿化面积与占地面积比率	0.8%	1.0%
6	原有建筑物、构筑物、道路和管线的利用情况	—	—1・人
7	场地道路布置情况	双车道宽度≤6 m 单车道宽度≤3.5 m 转弯半径≤15 m	双车道宽度≤5.5 m 单车道宽度≤3 m 转弯半径≤13 m

(6) 社会效益

本工程已荣获 “深圳市优质结构工程”[图 5.180(a)]“深圳市标准化试点工地”、“深圳市工程建设优秀 QC 小组成果优秀奖”[图 5.180(b)]、“广东省房屋市政工程安全生产文明施工示范工地”、“深圳市迎大运文明施工工地”、“2012 年广东省建设工程项目 AA 级安全文明标准化诚信工地”等荣誉，通过了“广东省建筑业新技术应用示范工程”验收。

(a) (b)

图 5.180 荣誉证书

思　考　题

(1) 试简述绿色施工的概念和原则。

(2) 绿色施工的总体框架内容有哪些?

(3) 举例说明施工过程对环境的不利影响,并提出改进措施。

6 绿色施工评价

6.1 绿色施工评价内容

6.1.1 基本规定

【扫码演示】

6.1.1.1 实施原则与组织

建筑工程绿色施工应遵循以人为本、因地制宜、环保优先、资源高效利用的原则。施工总承包单位应对项目的绿色施工负总责，并应对专业分包单位的绿色施工实施管理与监督。工程项目部应建立以项目经理为第一责任人的绿色施工管理体系。

6.1.1.2 绿色施工策划

工程项目开工前，施工单位应明确绿色施工目标，并应进行绿色施工影响因素分析。项目部应依据绿色施工影响因素的分析结果进行绿色施工策划，并应对绿色施工评价要素中的评价条款进行取舍。绿色施工策划应通过绿色施工组织设计、绿色施工方案和绿色施工技术交底等文件的编制实现。应开展技术和管理创新创效活动，并将相应措施列入绿色施工组织设计和绿色施工方案中。

6.1.1.3 管理要求

(1) 施工单位应对绿色施工项目进行检查。

(2) 绿色施工项目应符合下列规定：

① 建立健全的绿色施工管理体系和制度；

② 具有齐全的绿色施工策划文件；

③ 设立清晰醒目的绿色施工宣传标识；

④ 建立专业培训和岗位培训相结合的绿色施工培训制度，并有实施记录；

⑤ 绿色施工批次和阶段评价记录完整，持续改进的资料保存齐全；

⑥ 采集和保存实施过程中的绿色施工典型图片或影像资料；

⑦ 推广“四新”技术；

⑧ 签订分包或劳务合同时,应包含绿色施工指标要求。

(3) 发生下列事故之一,不得评为绿色施工合格项目:

① 发生安全生产死亡责任事故;

② 发生工程质量事故或因质量问题造成不良社会影响;

③ 发生群体传染病、食物中毒等责任事故;

④ 施工中因“环境保护与资源节约”问题被政府管理部门处罚;

⑤ 违反国家有关“环境保护与资源节约”的法律法规,造成社会影响;

⑥ 施工扰民造成社会影响;

⑦ 施工现场焚烧废弃物。

(4) 图纸会审应包括绿色施工内容。

(5) 施工单位应进行施工图、绿色施工组织设计和绿色施工方案的优化。

6.1.2 评价框架体系

(1) 工程项目绿色施工评价应在绿色施工影响因素分析的基础上,依据绿色施工策划文件,对工程实施过程进行评价。

(2) 绿色施工评价框架体系应由基本规定评价、指标评价、要素评价、批次评价、阶段评价、单位工程评价及评价等级等构成,绿色施工评价依此顺序进行,如图 6.1 所示。

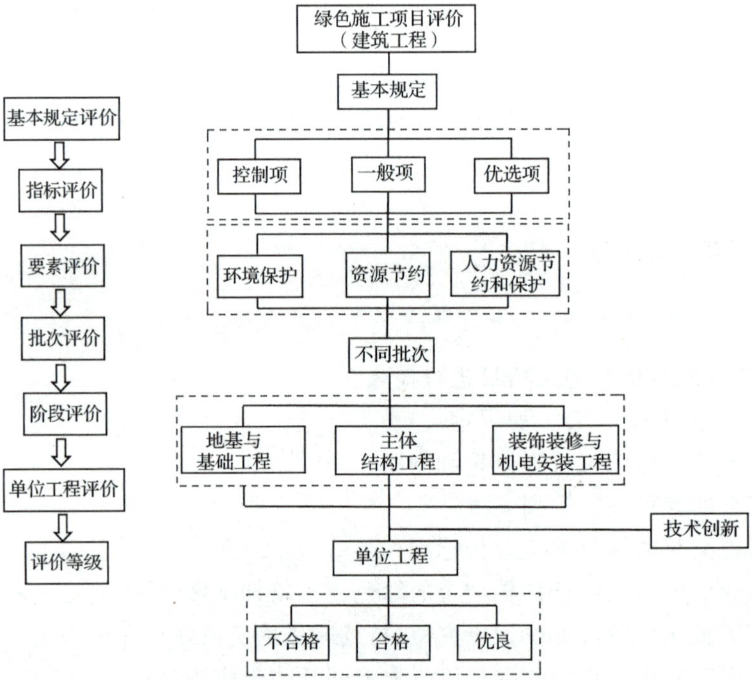

图 6.1 建筑工程绿色施工评价框架

(3) 基本规定评价应对绿色施工策划、管理要求的条款进行评价。

(4) 指标评价应对控制项、一般项和优选项的条款进行评价。

(5) 要素评价应在指标评价的基础上,对环境保护、资源节约、人力资源节约和保护三个要素分别进行评价。

(6) 批次评价应在要素评价的基础上随工程进度分批进行评价。

(7) 阶段评价应在批次评价的基础上进行,阶段划分应符合下列规定:

① 建筑工程:地基与基础工程,主体结构工程,装饰装修与机电安装工程。

② 市政工程的划分应符合下列规定:

a. 道桥工程应划分为:地基与基础工程,结构工程,桥(路)面及附属设施工程;

b. 矿山法施工的隧道工程应划分为:开挖,衬砌与支护,附属设施;

c. 盾构法施工的隧道工程应划分为:始发与接收,掘进与衬砌,附属设施;

d. 管线工程应划分为:定位,安装,测试与联网。

(8) 单位工程评价应在阶段评价的基础上进行,评价等级应分为不合格、合格和优良三个等级。

6.1.3 评价方法

(1) 工程项目绿色施工批次评价次数每季度不应少于1次,且每阶段不应少于1次。

(2) 单位工程绿色施工评价时,应对施工策划、施工过程和评价等资料进行核定。

(3) 工程项目绿色施工评价应先对照6.1.1节有关内容进行逐条、逐项核定,符合要求时启动指标评价,不符合要求时判定为绿色施工不合格。

(4) 指标评价方法

① 控制项指标应全部满足,控制项评价方法应符合表6.1的规定。

表6.1 控制项评价方法

评分要求	结论	说明
措施到位,全部满足考评指标要求	符合要求	进入评分流程
措施不到位,不满足考评指标要求	不符合要求	一票否决,判定为绿色施工不合格

② 一般项指标应根据实际发生项执行的情况计分,一般项评价方法应符合表6.2的规定。

表 6.2　一般项评价方法

评分要求	子项评分
措施到位，满足考评指标要求	2
措施到位，基本满足考评指标要求	1
措施不到位，不满足考评指标要求	0

③优选项指标应根据实际发生项执行的情况加分，优选项评价方法应符合表 6.3 的规定。

表 6.3　优选项评价方法

评分要求	子项评分
措施到位，满足考评指标要求	2
措施到位，基本满足考评指标要求	1
措施不到位，不满足考评指标要求	0

(5) 要素评价得分应符合下列规定：

① 要素评价应在指标评价的基础上进行。

② 一般项得分应按百分制折算，并应按下式进行计算：

$$A = \frac{B}{C} \times 100 \tag{6-1}$$

式中　A—— 一般项折算得分；

B—— 实际发生项目实际得分之和；

C—— 实际发生项目应得分之和。

③ 要素评价得分应按下式计算：

$$F = A + D \tag{6-2}$$

式中　F—— 要素评价得分；

D—— 优选项加分，按优选项实际发生项目加分求和。

(6) 批次评价得分应符合下列规定：

① 批次评价得分应按下式计算：

$$E = \sum (F \times \omega_1) \tag{6-3}$$

式中　E—— 批次评价得分；

F—— 要素评价得分；

ω_1—— 批次评价要素权重系数，按表 6.4 取值。

②批次评价要素权重系数应按表 6.4 规定的分阶段进行确定。

表 6.4 批次评价要素权重系数

评价要素	各阶段权重系数(ω_1)
环境保护	0.45
资源节约	0.35
人力资源节约和保护	0.20

(7)阶段评价得分应按下式计算：

$$G = G_1 + G_2 \tag{6-4}$$

$$G_1 = \frac{\sum E}{N} \tag{6-5}$$

式中 G——阶段评价得分；

E——各批次评价得分；

N——批次评价次数；

G_1——阶段评价基本分；

G_2——阶段创新分，按单项技术进行，每个单项可加 0.5～1 分，总加分不超过 5 分。

(8)单位工程绿色评价基本得分应符合下列规定：

①单位工程绿色评价基本得分应按下式计算：

$$W_1 = \sum (G_1 \times \omega_2) \tag{6-6}$$

式中 W_1—— 单位工程绿色评价基本得分；

ω_2—— 单位工程阶段权重系数，按表 6.5 和表 6.6 选取。

② 单位工程阶段权重系数应符合下列规定：

a. 建筑工程单位工程阶段权重系数按表 6.5 的规定按阶段确定。

表 6.5 建筑工程单位工程阶段权重系数

评价阶段	单位工程阶段权重系数(ω_2)
地基与基础工程	0.30
主体结构工程	0.40
装饰装修与机电安装工程	0.30

注：地基与基础指结构标高±0.00 以下。

b. 市政工程单位工程阶段权重系数按表 6.6 的规定按阶段确定。

表 6.6 市政工程单位工程阶段权重系数

道桥工程		矿山法施工的隧道工程		盾构法施工的隧道工程		管线工程	
评价阶段	单位工程阶段权重系数(ω_2)	评价阶段	单位工程阶段权重系数(ω_2)	评价阶段	单位工程阶段权重系数(ω_2)	评价阶段	单位工程阶段权重系数(ω_2)
地基与基础工程	0.40	开挖	0.40	始发与接收	0.40	定位	0.10
结构工程	0.40	衬砌与支护	0.40	掘进与衬砌	0.40	安装	0.60
桥(路)面及附属设施工程	0.20	附属设施	0.20	附属设施	0.20	测试与联网	0.30

注：地基与基础指结构标高±0.00 以下。

(9) 单位工程评价总分计算方法应符合下列规定：

① 单位工程评价总分应按下式计算：

$$W = W_1 + W_2 \tag{6-7}$$

式中 W—— 单位工程评价总分；

W_1—— 单位工程绿色评价基本得分；

W_2—— 技术创新加分。

② 技术创新加分可根据评价指标进行评价，单项加 0.5～1 分，总分最高加 5 分。

(10) 单位工程绿色施工等级应按下列规定进行判定：

① 全部符合下列情况时，应判定为优良：

a. 控制项全部满足要求；

b. 单位工程评价总分(W)不少于 90 分；

c. 每个评价要素中至少有两项优选项得分，且优选项总分不少于 25 分；

d. 技术创新加分(W_2)不少于 3 分。

② 全部符合下列情况时，应判定为合格：

a. 控制项全部满足要求；

b. 单位工程评价总分(W)不少于 65 分；

c. 每个评价要素中至少各有一项优选项得分，且优选项总分不少于 12 分；

d. 技术创新加分(W_2)不少于 1.5 分。

③ 不符合②条件时，应判定为不合格。

6.1.4 评价组织与程序

评价组织与程序包括评价组织与评价程序两部分内容，如表 6.7 所示。

表 6.7　评价组织与程序

评价组织	(1) 单位工程绿色施工评价应由建设单位组织，项目施工单位和监理单位参加，评价结果应由建设、监理和施工单位三方签认。 (2) 单位工程绿色施工阶段评价应由项目建设单位或监理单位组织，建设单位、监理单位和施工单位参加，评价结果应由建设、监理、施工单位三方签认。 (3) 单位工程绿色施工批次评价应由项目施工单位组织，建设单位和监理单位参加，评价结果应由建设、监理、施工单位三方签认。 (4) 企业应对本企业范围内绿色施工项目进行随机检查，并对项目绿色施工完成情况进行评估。 (5) 项目部会同建设和监理单位应根据绿色施工情况，制定改进措施，由项目部实施改进
评价程序	(1) 单位工程绿色施工验收评价应由施工单位书面申请，在工程竣工前进行评价。 (2) 单位工程绿色施工评价应检查相关技术和管理资料，并听取施工单位绿色施工总体情况报告，综合确定绿色施工评价等级

6.1.5　评价资料

(1) 绿色施工评价资料应按规定记录、收集、整理、分析、总结、存档、备案。存档备案年限应为竣工交付后 12 个月或遵照当地行政主管部门规定。

(2) 单位工程绿色施工评价应填写下列表格：

① 基本规定评价表应符合表 6.8 的规定；

② 批次与要素评价表应符合表 6.9、表 6.10、表 6.11、表 6.12 的规定；

③ 技术创新与阶段评价表应符合表 6.13 和表 6.14 的规定；

④ 单位工程评价表应符合表 6.15、表 6.16、表 6.17、表 6.18、表 6.19 的规定。

表 6.8　基本规定评价表

工程名称			工程所在地	
施工单位名称			评价编号 (批次/阶段)	
施工阶段		□建筑工程　□市政工程	填表日期	
标准条款	基本内容		评价标准	结论
3.1	实施组织			
3.1.1	总承包单位应对工程项目的绿色施工负总责			
3.1.2	分包单位应对承包范围内的工程项目绿色施工负责			

续表 6.8

标准条款	基本内容	评价标准	结论
3.1.3	项目部应建立以项目经理为第一责任人的绿色施工管理体系	措施到位，全部满足要求，进入环境保护、资源节约、人力资源节约和保护要素评分流程；否则，一票否决，判定为绿色施工不合格	
3.2	绿色施工策划		
3.2.1	工程项目开工前，项目部应进行绿色施工影响因素分析，明确绿色施工目标		
3.2.2	项目部应依据绿色施工影响因素的分析结果进行绿色施工策划，并应对绿色施工评价要素中的评价条款进行取舍		
3.2.3	绿色施工策划应通过绿色施工组织设计、绿色施工方案和绿色施工技术交底等文件的编制实现		
3.2.4	绿色施工组织设计及其方案应包括技术和管理创新的内容及相应措施		
3.3	管理要求		
3.3.1	施工单位应对工程项目绿色施工进行检查		
3.3.2	工程项目绿色施工应符合下列规定		
(1)	建立健全的绿色施工管理体系和制度		
(2)	具有齐全的绿色施工策划文件		
(3)	设立清晰醒目的绿色施工宣传标识		
(4)	建立专业培训和岗位培训相结合的绿色施工培训制度，并有实施记录		
(5)	绿色施工批次和阶段评价记录完整，持续改进的资料保存齐全		
(6)	采集和保存实施过程中的绿色施工典型图片或影像资料		
(7)	推广应用“四新”技术		
(8)	分包合同或劳务合同包含绿色施工要求		
3.3.3	当发生下列情况之一时，不得评为绿色施工合格项目	全部未发生，进入环境保护、资源节约、人力资源节约和保护要素评分流程；否则，一票否决，判定为绿色施工不合格	
(1)	发生安全生产死亡责任事故		
(2)	发生工程质量事故或因质量问题造成不良社会影响		
(3)	发生群体传染病、食物中毒等责任事故		
(4)	施工中因“环境保护与资源节约”问题被政府管理部门处罚		

续表 6.8

<table>
<tr><th>标准条款</th><th colspan="4">基本内容</th><th colspan="2">评价标准</th><th>结论</th></tr>
<tr><td>(5)</td><td colspan="4">违反国家有关“环境保护与资源节约”的法律法规，造成社会影响</td><td colspan="2" rowspan="3"></td><td></td></tr>
<tr><td>(6)</td><td colspan="4">施工扰民造成社会影响</td><td></td></tr>
<tr><td>(7)</td><td colspan="4">施工现场焚烧废弃物</td><td></td></tr>
<tr><td>3.3.4</td><td colspan="4">图纸会审应包括绿色施工内容</td><td colspan="2" rowspan="2">措施到位，全部满足要求，进入环境保护、资源节约、人力资源节约和保护要素评分流程；否则，一票否决，判定为绿色施工不合格</td><td></td></tr>
<tr><td>3.3.5</td><td colspan="4">施工单位应进行施工图、绿色施工组织设计和绿色施工方案的优化</td><td></td></tr>
<tr><td rowspan="2">签字栏</td><td colspan="2">施工单位（组织）</td><td colspan="2">监理单位（参与）</td><td colspan="3">建设单位（参与）</td></tr>
<tr><td>签字人：</td><td>职务：</td><td>签字人：</td><td>职务：</td><td>签字人：</td><td colspan="2">职务：</td></tr>
</table>

注：符合打“√”；不符合打“×”；没有发生填“未发生”。

表 6.9 批次评价表

<table>
<tr><td>工程名称</td><td colspan="4"></td><td colspan="2">工程所在地</td><td></td></tr>
<tr><td>施工单位名称</td><td colspan="4"></td><td colspan="2">评价编号
（批次/阶段）</td><td></td></tr>
<tr><td>施工阶段</td><td></td><td colspan="3">□建筑工程 □市政工程</td><td colspan="2">填表日期</td><td></td></tr>
<tr><td>评价要素</td><td colspan="4">要素评价得分 F</td><td colspan="2">权重系数 ω_1</td><td>批次评价得分 E</td></tr>
<tr><td>环境保护</td><td colspan="4"></td><td colspan="2">0.45</td><td></td></tr>
<tr><td>资源节约</td><td colspan="4"></td><td colspan="2">0.35</td><td></td></tr>
<tr><td>人力资源节约和保护</td><td colspan="4"></td><td colspan="2">0.20</td><td></td></tr>
<tr><td>评价结论</td><td colspan="4">$E=\sum(F\times\omega_1)$
式中 E——批次评价得分；
F——要素评价得分；
ω_1——批次评价要素权重系数</td><td colspan="2">合计</td><td></td></tr>
<tr><td rowspan="2">签字栏</td><td colspan="2">施工单位（组织）</td><td colspan="2">监理单位（参与）</td><td colspan="3">建设单位（参与）</td></tr>
<tr><td>签字人：</td><td>职务：</td><td>签字人：</td><td>职务：</td><td>签字人：</td><td colspan="2">职务：</td></tr>
</table>

表 6.10　环境保护要素评价表

<table>
<tr><td colspan="2">工程名称</td><td></td><td>工程所在地</td><td colspan="2"></td></tr>
<tr><td colspan="2">施工单位名称</td><td></td><td>评价编号
（批次/阶段）</td><td colspan="2"></td></tr>
<tr><td colspan="2">施工阶段</td><td>□建筑工程　□市政工程</td><td>填表日期</td><td colspan="2"></td></tr>
<tr><td rowspan="4">控制项</td><td colspan="2">标准条款及要求</td><td>评价标准</td><td colspan="2">结论</td></tr>
<tr><td colspan="2">4.1.1　绿色施工策划文件中应包含环境保护内容，并建立环境保护管理制度</td><td rowspan="3">措施到位，全部满足要求，进入“一般项”和“优选项”评分流程；否则，一票否决，判定为绿色施工不合格</td><td colspan="2"></td></tr>
<tr><td colspan="2">4.1.2　施工现场应在醒目位置设置环境保护标识</td><td colspan="2"></td></tr>
<tr><td colspan="2">4.1.3　施工现场的古迹、文物、树木及生态环境等应采取有效保护措施，制定地下文物保护应急预案</td><td colspan="2"></td></tr>
<tr><td rowspan="17">一般项</td><td colspan="2">标准条款及要求</td><td>计分标准</td><td>应得分</td><td>实得分</td></tr>
<tr><td colspan="2">4.2.1　扬尘控制应包括下列内容</td><td rowspan="16">每一子目应得分为 2 分，实得分则根据现场实际情况按 0～2 分评价：
①措施到位，满足考评指标要求，得 2 分；
②措施到位，基本满足考评指标要求，得 1 分；
③措施不到位，不满足考评指标要求，得 0 分</td><td></td><td></td></tr>
<tr><td colspan="2">（1）现场建立洒水清扫制度，配备洒水设备，并有专人负责</td><td></td><td></td></tr>
<tr><td colspan="2">（2）对裸露地面、集中堆放的土方采取抑尘措施</td><td></td><td></td></tr>
<tr><td colspan="2">（3）现场进出口设车胎冲洗设施和吸湿垫，保持进出现场车辆清洁</td><td></td><td></td></tr>
<tr><td colspan="2">（4）易飞扬和细颗粒建筑材料封闭存放，余料回收</td><td></td><td></td></tr>
<tr><td colspan="2">（5）拆除、爆破、开挖、回填及易产生扬尘的施工作业有抑尘措施</td><td></td><td></td></tr>
<tr><td colspan="2">（6）高空垃圾清运采用封闭式管道或垂直运输机械</td><td></td><td></td></tr>
<tr><td colspan="2">（7）遇有六级及以上大风天气时，停止土方开挖、回填、转运及其他可能产生扬尘污染的施工活动</td><td></td><td></td></tr>
<tr><td colspan="2">（8）现场运送土石方、弃渣及易引起扬尘的材料时，车辆采取封闭或遮盖措施</td><td></td><td></td></tr>
<tr><td colspan="2">（9）弃土场封闭，并进行临时性绿化</td><td></td><td></td></tr>
<tr><td colspan="2">（10）现场搅拌设有密闭和防尘措施</td><td></td><td></td></tr>
<tr><td colspan="2">（11）现场采用清洁燃料</td><td></td><td></td></tr>
<tr><td colspan="2">4.2.2　废气排放控制应包括下列内容</td><td></td><td></td></tr>
<tr><td colspan="2">（1）施工车辆及机械设备废气排放符合国家年检要求</td><td></td><td></td></tr>
<tr><td colspan="2">（2）现场厨房烟气净化后排放</td><td></td><td></td></tr>
</table>

续表 6.10

	标准条款及要求	计分标准	应得分	实得分
一般项	(3)在环境敏感区域内的施工现场进行喷漆作业时，设有防挥发物扩散措施	每一子目应得分为2分，实得分则根据现场实际情况按0～2分评价： ① 措施到位，满足考评指标要求，得2分； ② 措施到位，基本满足考评指标要求，得1分； ③ 措施不到位，不满足考评指标要求，得0分		
	4.2.3　建筑垃圾处置应包括下列内容			
	(1) 制订建筑垃圾减量化专项方案，明确减量化、资源化具体指标及各项措施			
	(2) 装配式建筑施工的垃圾排放量不大于200 t/万 m^2，非装配式建筑施工的垃圾排放量不大于300 t/万 m^2			
	(3) 建筑垃圾回收利用率达到30%，建筑材料包装物回收利用率达到100%			
	(4) 现场垃圾分类、封闭、集中堆放			
	(5) 办理施工渣土、建筑废弃物等排放手续，按指定地点排放			
	(6) 碎石和土石方类等建筑垃圾用作地基和路基回填材料			
	(7) 土方回填未采用有毒有害废弃物			
	(8) 施工现场办公用纸两面使用，废纸回收，废电池、废硒鼓、废墨盒、剩油漆、剩涂料等有毒有害的废弃物封闭分类存放，设置醒目标识，并由符合要求的专业机构消纳处置			
	(9) 施工选用绿色、环保材料			
	4.2.4　污水排放控制应包括下列内容			
	(1) 现场道路和材料堆放场地周边设置排水沟			
	(2) 工程污水和实验室养护用水处理合格后，排入市政污水管道，检测频率不少于1次/月			
	(3) 现场厕所设置化粪池，化粪池定期清理			
	(4) 工地厨房设置隔油池，定期清理			
	(5) 工地生活污水、预制场和搅拌站等施工污水达标排放和利用			
	(6) 钻孔桩、顶管或盾构法作业采用泥浆循环利用系统，不得外溢漫流			
	4.2.5　光污染控制应包括下列内容			
	(1) 施工现场采取限时施工、遮光或封闭等防治光污染措施			
	(2) 焊接作业时，采取挡光措施			

续表 6.10

	标准条款及要求	计分标准	应得分	实得分
一般项	(3) 施工场区照明采取防止光线外泄措施	每一子目应得分为 2 分，实得分则根据现场实际情况按 0～2 分评价： ① 措施到位，满足考评指标要求，得 2 分； ② 措施到位，基本满足考评指标要求，得 1 分； ③ 措施不到位，不满足考评指标要求，得 0 分		
	4.2.6 噪声控制应包括下列内容			
	(1) 针对现场噪声源，采取隔声、吸声、消音等降噪措施			
	(2) 采用低噪声施工设备			
	(3) 噪声较大的机械设备远离现场办公区、生活区和周边敏感区			
	(4) 混凝土输送泵、电锯等机械设备设置吸声降噪屏障或其他降噪措施			
	(5) 施工作业面设置降噪设施			
	(6) 材料装卸设置降噪垫层，轻拿轻放，控制材料撞击噪声			
	(7) 施工场界声强限值昼间不大于 70 dB(A)，夜间不大于 55 dB(A)			
优选项	标准条款及要求	计分标准	应得分	实得分
	4.3.1 施工现场宜设置可移动厕所，并定期清运、消毒	每一子目应得分为 2 分，实得分则根据现场实际情况按 0～2 分选择： ① 措施到位，满足考评指标要求，得 2 分； ② 措施到位，基本满足考评指标要求，得 1 分； ③ 措施不到位，不满足考评指标要求，得 0 分		
	4.3.2 施工现场宜采用自动喷雾(淋)降尘系统			
	4.3.3 施工场界宜设置扬尘自动监测仪，动态连续定量监测扬尘(TSP、PM10)			
	4.3.4 施工场界宜设置动态连续噪声监测设施，保存昼夜噪声曲线			
	4.3.5 装配式建筑施工的垃圾排放量不宜大于 140 t/万 m^2，非装配式建筑施工的垃圾排放量不宜大于 210 t/万 m^2			
	4.3.6 建筑垃圾回收利用率宜达到 50%			
	4.3.7 施工现场宜采用地磅或自动监测平台，动态计量建筑废弃物重量			
	4.3.8 施工现场宜采用雨水就地渗透措施			
	4.3.9 施工现场宜采用生态环保泥浆、泥浆净化器反循环快速清孔等环境保护技术			
	4.3.10 施工现场宜采用水封爆破、静态爆破等高效降尘的先进工艺			

续表 6.10

<table>
<tr><td rowspan="3">优选项</td><td colspan="4">标准条款及要求</td><td colspan="2">计分标准</td><td>应得分</td><td>实得分</td></tr>
<tr><td colspan="4">4.3.11 土方施工宜采用水浸法湿润土壤等降尘方法</td><td colspan="2" rowspan="2"></td><td rowspan="2"></td><td rowspan="2"></td></tr>
<tr><td colspan="4">4.3.12 施工现场淤泥质渣土宜经脱水后外运</td></tr>
<tr><td>评价结果</td><td colspan="8">一般项得分 $A=(B/C)\times100$；
优选项得分 D 为优选项实际发生条目加分之和；
要素评价得分 $F=A+D$</td></tr>
<tr><td rowspan="2">签字栏</td><td colspan="2">施工单位(组织)</td><td colspan="2">监理单位(参与)</td><td colspan="4">建设单位(参与)</td></tr>
<tr><td>签字人：</td><td>职务：</td><td>签字人：</td><td>职务：</td><td colspan="2">签字人：</td><td colspan="2">职务：</td></tr>
</table>

表 6.11 资源节约要素评价汇总表

<table>
<tr><td colspan="2">工程名称</td><td colspan="2"></td><td colspan="2">工程所在地</td><td colspan="2"></td></tr>
<tr><td colspan="2">施工单位名称</td><td colspan="2"></td><td colspan="2">评价编号
(批次/阶段)</td><td colspan="2"></td></tr>
<tr><td colspan="2">施工阶段</td><td></td><td>□建筑工程 □市政工程</td><td colspan="2">填表日期</td><td colspan="2"></td></tr>
<tr><td rowspan="5">控制项</td><td colspan="3">标准条款及要求</td><td colspan="2">评价标准</td><td colspan="2">结论</td></tr>
<tr><td colspan="3">5.1.1 绿色施工策划文件中应涵盖资源节约与利用的内容</td><td colspan="2" rowspan="4">措施到位，全部满足要求，进入“一般项”和“优选项”评分流程；否则，一票否决，判定为绿色施工不合格</td><td colspan="2"></td></tr>
<tr><td colspan="3">5.1.2 项目部应建立具体材料进场计划，以及材料采购、限额领料等管理制度</td><td colspan="2"></td></tr>
<tr><td colspan="3">5.1.3 项目部应制订用水、用能消耗指标，办公区、生活区、生产区用水、用能单独计量，并建立台账</td><td colspan="2"></td></tr>
<tr><td colspan="3">5.1.4 项目部应了解施工场地及毗邻区域内人文景观、特殊地质及基础设施管线分布情况，制订相应的用地计划和保护措施</td><td colspan="2"></td></tr>
<tr><td rowspan="4">一般项</td><td colspan="3">标准条款及要求</td><td colspan="2">计分标准</td><td>应得分</td><td>实得分</td></tr>
<tr><td colspan="3">5.2.1 临时设施应包括下列内容</td><td colspan="2" rowspan="3"></td><td></td><td></td></tr>
<tr><td colspan="3">(1) 合理规划设计临时用电线路铺设、配电箱配置和照明布局</td><td></td><td></td></tr>
<tr><td colspan="3">(2) 办公区和生活区节能照明灯具配置率达到 100%</td><td></td><td></td></tr>
</table>

续表 6.11

	标准条款及要求	评价标准	应得分	实得分
一般项	(3) 合理设计临时用水系统，供水管线及末端无渗漏	每一子目应得分为 2 分，实得分则根据现场实际情况按 0～2 分评价：① 措施到位，满足考评指标要求，得 2 分；② 措施到位，基本满足考评指标要求，得 1 分；③ 措施不到位，不满足考评指标要求，得 0 分		
	(4) 临时用水系统节水器具配置率达到 100%			
	(5) 采用多层、可周转装配式临时办公及生活用房			
	(6) 临时用房围护结构满足节能指标，外窗有遮阳设施			
	(7) 采用可周转装配式场界围挡和临时路面			
	(8) 采用标准化、可周转装配式作业工棚、试验用房及安全防护设施			
	(9) 利用既有建筑物、市政设施和周边道路			
	(10) 采用永临结合技术			
	(11) 使用再生建筑材料建设临时设施			
	5.2.2　材料节约应包括下列内容			
	(1) 利用 BIM 等信息技术进行深化设计、优化方案、减少用材、降低损耗			
	(2) 采用管件合一的脚手架和支撑体系			
	(3) 采用高周转率的新型模架体系			
	(4) 采用钢或钢木组合龙骨			
	(5) 利用粉煤灰、矿渣、外加剂及新材料，减少水泥用量			
	(6)现场使用预拌混凝土、预拌砂浆			
	(7)钢筋连接采用对接、机械等低损耗连接方式			
	(8) 墙、地块材饰面预先总体排版，合理选材			
	(9) 对工程成品采取保护措施			
	5.2.3　用水节约应包括下列内容			
	(1) 混凝土养护采用覆膜、喷淋设备、养护液等节水工艺			
	(2) 管道打压采用循环水			
	(3) 施工废水与生活废水有收集管网、处理设施和利用措施			
	(4) 雨水和基坑降水产生的地下水有收集管网、处理设施和利用措施			
	(5) 喷洒路面、绿化浇灌采用非传统水源			

续表 6.11

	标准条款及要求	评价标准	实得分	应得分
一般项	(6) 现场冲洗机具、设备和车辆采用非传统水源	每一子目应得分为 2 分，实得分则根据现场实际情况按 0～2 分评价： ① 措施到位，满足考评指标要求，得 2 分； ② 措施到位，基本满足考评指标要求，得 1 分； ③ 措施不到位，不满足考评指标要求，得 0 分		
	(7) 非传统水源经过处理和检验合格后作为施工、生活非饮用水			
	(8) 采用非传统水源，并建立使用台账			
	5.2.4 水资源保护应包括下列内容			
	(1) 采用基坑封闭降水施工技术			
	(2) 基坑抽水采用动态管理技术，减少地下水开采量			
	(3) 不得向水体倾倒有毒有害物品及垃圾			
	(4) 制定水上和水下机械作业方案，并采取安全和防污染措施			
	5.2.5 能源节约应包括下列内容			
	(1) 合理安排施工工序和施工进度，共享施工机具资源，减少垂直运输设备能耗，避免集中使用大功率设备			
	(2) 建立机械设备管理档案，定期检查保养			
	(3) 高能耗设备单独配置计量仪器，定期监控能源利用情况，并有记录			
	(4) 建筑材料及设备的选用应根据就近原则，500 km 以内生产的建筑材料及设备重量占比大于 70%			
	(5) 合理布置施工总平面图，避免现场二次搬运			
	(6) 减少夜间作业、冬季施工和雨季施工时间			
	(7) 地下工程混凝土施工采用溜槽或串筒浇筑			
	5.2.6 土地保护应包括下列内容			
	(1) 施工总平面根据功能分区集中布置			
	(2) 采取措施，防止施工现场土壤侵蚀、水土流失			
	(3) 优化土石方工程施工方案，减少土方开挖和回填量			
	(4) 危险品、化学品存放处采取隔离措施			
	(5) 污水排放管道不得渗漏			
	(6) 对机用废油、涂料等有害液体进行回收，不得随意排放			
	(7) 工程施工完成后，进行地貌和植被复原			

续表 6.11

<table>
<tr><th></th><th>标准条款及要求</th><th>计分标准</th><th>应得分</th><th>实得分</th></tr>
<tr><td rowspan="13">优选项</td><td>5.3.1 主要建筑材料损耗率比定额损耗率低 50%以上</td><td rowspan="13">每一子目应得分为 2 分，实得分则根据现场实际情况按 0～2 分选择：
① 措施到位，满足考评指标要求，得 2 分；
② 措施到位，基本满足考评指标要求，得 1 分；
③ 措施不到位，不满足考评指标要求，得 0 分</td><td></td><td></td></tr>
<tr><td>5.3.2 采用钢筋工厂化加工和集中配送</td><td></td><td></td></tr>
<tr><td>5.3.3 大宗板材、线材定尺采购，集中配送</td><td></td><td></td></tr>
<tr><td>5.3.4 采用清水混凝土技术、免抹灰技术</td><td></td><td></td></tr>
<tr><td>5.3.5 充分利用物联网技术管控物资、设备</td><td></td><td></td></tr>
<tr><td>5.3.6 采用无污染地下水回灌</td><td></td><td></td></tr>
<tr><td>5.3.7 施工现场采用可周转的恒温恒湿蒸汽养护设施与自动控制系统</td><td></td><td></td></tr>
<tr><td>5.3.8 设置在海岛海岸的无市政管网接入条件的工程项目，采用海水淡化系统</td><td></td><td></td></tr>
<tr><td>5.3.9 单位工程单位建筑面积的用电量比定额节约 10%以上</td><td></td><td></td></tr>
<tr><td>5.3.10 单位工程单位建筑面积的用水量比定额节约 10%以上</td><td></td><td></td></tr>
<tr><td>5.3.11 施工现场利用太阳能或其他可再生能源</td><td></td><td></td></tr>
<tr><td>5.3.12 建筑垃圾垂直运输时，采用重力势能装置</td><td></td><td></td></tr>
<tr><td>5.3.13 无直接采光的施工通道和施工区域照明采用声控、光控、延时等控制方式</td><td></td><td></td></tr>
<tr><td>评价结果</td><td colspan="4">一般项得分 $A=(B/C)\times 100$；
优选项得分 D 为优选项实际发生条目加分之和；
要素评价得分 $F=A+D$</td></tr>
</table>

<table>
<tr><td rowspan="2">签字栏</td><td colspan="2">施工单位(组织)</td><td colspan="2">监理单位(参与)</td><td colspan="2">建设单位(参与)</td></tr>
<tr><td>签字人：</td><td>职务：</td><td>签字人：</td><td>职务：</td><td>签字人：</td><td>职务：</td></tr>
</table>

表 6.12 人力资源节约和保护要素评价汇总表

工程名称		工程所在地		
施工单位名称		评价编号 （批次/阶段）		
施工阶段	□建筑工程 □市政工程	填表日期		
控制项	标准条款及要求	评价标准	结论	
	6.1.1 绿色施工策划文件中应包含人力资源节约和保护内容，并建立相关制度	措施到位，全部满足要求，进入“一般项”和“优选项”评分流程；否则，一票否决，判定为绿色施工不合格		
	6.1.2 施工现场人员应实行实名制管理			
	6.1.3 炊事员应持有效健康证明			
	6.1.4 施工现场人员应按规定要求持证上岗			
	6.1.5 施工现场应按规定配备消防、防疫、医务、安全、健康等设施和用品			
一般项	标准条款及要求	计分标准	应得分	实得分
	6.2.1 人员健康保障应包括下列内容	每一子目应得分为2分，实得分则根据现场实际情况按0～2分评价： ① 措施到位，满足考评指标要求，得2分； ② 措施到位，基本满足考评指标要求，得1分； ③ 措施不到位，不满足考评指标要求，得0分		
	(1) 制定职业病预防措施，定期对高原地区施工人员、从事有职业病危害作业的人员进行体检			
	(2) 生活区、办公区、生产区有专人负责环境卫生			
	(3) 生活区、办公区设置可回收与不可回收垃圾桶，餐厨垃圾单独回收处理，并定期清运			
	(4) 生活区中的垃圾堆放区域定期消毒			
	(5) 施工作业区、生活区和办公区分开布置，生活设施远离有毒有害物质			
	(6) 现场有应急疏散、逃生标志、应急照明			
	(7) 现场有防暑防寒设施，并设专人负责			
	(8) 现场设置医务室，有人员健康应急预案			
	(9) 生活区设置满足施工人员使用的盥洗设施			
	(10)现场宿舍人均使用面积不得小于 2.5 m^2，并设置可开启式外窗			
	(11) 制定食堂管理制度，建立熟食留样台账			
	(12) 特殊环境条件下施工，有防止高温、高湿、高盐、沙尘暴等恶劣气候条件及野生动植物伤害的措施和应急预案			
	(13) 工人宿舍设置消防报警、防火等安全装置			

续表 6.12

	标准条款及要求	计分标准	应得分	实得分
一般项	6.2.2 劳动力保护应包括下列内容	每一子目应得分为 2 分，实得分则根据现场实际情况按 0～2 分评价： ① 措施到位，满足考评指标要求，得 2 分； ② 措施到位，基本满足考评指标要求，得 1 分； ③ 措施不到位，不满足考评指标要求，得 0 分		
	(1) 建立合理的休息、休假、加班及女职工特殊保护等管理制度			
	(2) 减少夜间、雨天、严寒和高温天作业时间			
	(3)施工现场危险地段、设备、有毒有害物品存放处等设置醒目的安全标识，并配备相应的应急设施			
	(4) 在有毒、有害、有刺激性气味、强光和强噪声环境施工的人员，佩戴相应的防护器具和劳动保护用品			
	(5) 在深井、密闭环境、防水和室内装修施工时，设置通风设施			
	(6) 在水上作业时穿着救生衣			
	(7) 施工现场人车分流，并有隔离措施			
	(8) 模板脱模剂、涂料等采用水性材料			
	6.2.3 劳务节约应包括下列内容			
	(1) 优化绿色施工组织设计和绿色施工方案，合理安排工序			
	(2) 因地制宜制订各施工阶段劳动力劳务使用计划，合理投入施工作业人员			
	(3) 建立施工人员培训计划和培训实施台账			
	(4) 建立劳务使用台账，统计分析施工现场劳务使用情况			
	(5) 使用高效施工机具和设备			
优选项	标准条款及要求	计分标准	应得分	实得分
	6.3.1 钢结构采用现场免焊接技术	每一子目应得分为 2 分，实得分则根据现场实际情况按 0～2 分评价： ① 措施到位，满足考评指标要求，得 2 分； ② 措施到位，基本满足考评指标要求，得 1 分； ③ 措施不到位，不满足考评指标要求，得 0 分		
	6.3.2 采用机械喷涂、抹灰等自动化施工设备			
	6.3.3 结构构件采用装配化安装			
	6.3.4 管道设备采用模块化安装			
	6.3.5 建筑部件采用整体化安装			
	6.3.6 设置心理疏导室、活动室、阅览室等			
	6.3.7 配备文体、娱乐设施			

续表 6.12

评价结果	一般项得分 $A=(B/C)\times100$； 优选项得分 D 为优选项实际发生条目加分之和； 要素评价得分 $F=A+D$					
签字栏	施工单位(组织)		监理单位(参与)		建设单位(参与)	
	签字人：	职务：	签字人：	职务：	签字人：	职务：

表 6.13　技术创新评价表

工程名称			工程所在地	
施工单位名称			评价编号 (批次/阶段)	
施工阶段		□建筑工程　□市政工程	填表日期	
加分项	标准条款及要求		加分标准	实得分
	7.0.2　技术创新评价指标应包括下列内容		阶段创新得分 G_2 可根据阶段实施结果单项加 0.5～1 分，总分最高加 5 分	
	(1) 装配式施工技术			
	(2) 信息化施工技术			
	(3) 基坑与地下工程施工的资源保护和创新技术			
	(4) 建材与施工机具和设备绿色性能评价及选用技术			
	(5) 钢结构、预应力结构和新型结构施工技术			
	(6) 高性能混凝土应用技术			
	(7) 高强度、耐候钢材应用技术			
	(8) 新型模架开发与应用技术			
	(9) 建筑垃圾减排及回收再利用技术			
	(10) 其他先进施工技术			
加分依据	7.0.1　绿色施工开展技术创新活动		阶段创新得分 G_2	
	7.0.3　技术创新有专业技术先进性和综合价值的评审资料			

续表 6.13

签字栏	建设单位(组织)		监理单位(参与)		施工单位(参与)	
	签字人：	职务：	签字人：	职务：	签字人：	职务：

表 6.14　阶段评价汇总表

工程名称			工程所在地	
施工单位名称			评价编号 (阶段)	
施工阶段		□建筑工程　□市政工程	填表日期	
评价批次	批次得分		评价批次	批次得分
1			6	
2			7	
3			8	
4			9	
5			…	
阶段 评价结论	阶段评价得分： $$G=\frac{\sum E}{N}+G_2$$ 式中　G——阶段评价得分； E——各批次评价得分； N——批次评价次数； G_2——阶段创新得分			

签字栏	施工单位(组织)		监理单位(参与)		建设单位(参与)	
	签字人：	职务：	签字人：	职务：	签字人：	职务：

表 6.15 单位工程评价汇总表(建筑工程)

<table>
<tr><td>工程名称</td><td colspan="2"></td><td colspan="2">工程所在地</td><td></td></tr>
<tr><td>施工单位名称</td><td colspan="2"></td><td colspan="2">填表日期</td><td></td></tr>
<tr><td>施工阶段</td><td colspan="2">单位工程竣工或申请五方验收</td><td colspan="2">工程类别</td><td>建筑工程</td></tr>
<tr><td>评价阶段</td><td colspan="2">阶段得分</td><td colspan="2">权重系数</td><td>权重后得分</td></tr>
<tr><td>地基与基础工程</td><td colspan="2"></td><td colspan="2">0.30</td><td></td></tr>
<tr><td>主体结构工程</td><td colspan="2"></td><td colspan="2">0.40</td><td></td></tr>
<tr><td>装饰装修与机电安装工程</td><td colspan="2"></td><td colspan="2">0.30</td><td></td></tr>
<tr><td>单位工程绿色评价基本得分 W_1</td><td colspan="2">—</td><td colspan="2">W_1</td><td></td></tr>
<tr><td>技术创新加分 W_2</td><td colspan="2">—</td><td colspan="2">W_2</td><td></td></tr>
<tr><td>评价结论</td><td colspan="6">$W=W_1+W_2$
(1) 不合格
① 存在任意一项控制项不满足要求;
② 单位工程评价总得分 $W<65$ 分;
③ 权重最大阶段得分小于 65 分。
(2) 合格
① 控制项全部满足要求;
② 单位工程评价总得分 65 分 $\leqslant W<90$ 分,权重最大阶段得分不小于 65 分;
③ 每个评价要素中至少各有一项优选项得分,优选项总分不小于 12 分;
④ 技术创新加分 $W_2\geqslant1.5$ 分。
(3) 优良
① 控制项全部满足要求;
② 单位工程评价总得分 $W\geqslant90$ 分,且权重最大阶段得分不小于 90 分;
③ 每个评价要素中至少有两项优选项得分,且优选项总分不小于 25 分;
④ 技术创新加分 $W_2\geqslant3$ 分。
结论:</td></tr>
<tr><td rowspan="2">签字栏</td><td colspan="2">建设单位(组织)</td><td colspan="2">监理单位(参与)</td><td colspan="2">施工单位(参与)</td></tr>
<tr><td>签字人:</td><td>职务:</td><td>签字人:</td><td>职务:</td><td>签字人:</td><td>职务:</td></tr>
</table>

表 6.16 单位工程评价汇总表(道桥工程)

<table>
<tr><td>工程名称</td><td colspan="6"></td><td colspan="3">工程所在地</td><td colspan="2"></td></tr>
<tr><td>施工单位名称</td><td colspan="6"></td><td colspan="3">填表日期</td><td colspan="2"></td></tr>
<tr><td>施工阶段</td><td colspan="6">单位工程竣工或申请五方验收</td><td colspan="3">工程类别</td><td colspan="2">市政工程</td></tr>
<tr><td>评价阶段</td><td colspan="6">阶段得分</td><td colspan="3">权重系数</td><td colspan="2">权重后得分</td></tr>
<tr><td>地基与基础工程</td><td colspan="6"></td><td colspan="3">0.40</td><td colspan="2"></td></tr>
<tr><td>结构工程</td><td colspan="6"></td><td colspan="3">0.40</td><td colspan="2"></td></tr>
<tr><td>桥(路)面及
附属设施工程</td><td colspan="6"></td><td colspan="3">0.20</td><td colspan="2"></td></tr>
<tr><td>单位工程绿色评价
基本得分 W_1</td><td colspan="6">—</td><td colspan="3">W_1</td><td colspan="2"></td></tr>
<tr><td>技术创新加分 W_2</td><td colspan="6">—</td><td colspan="3">W_2</td><td colspan="2"></td></tr>
<tr><td>评价结论</td><td colspan="11">$W=W_1+W_2$
(1) 不合格
① 存在任意一项控制项不满足要求;
② 单位工程评价总得分 $W<65$ 分;
③ 权重最大阶段得分小于 65 分。
(2) 合格
① 控制项全部满足要求;
② 单位工程评价总得分 65 分 $\leqslant W<90$ 分,权重最大阶段得分不小于 65 分;
③ 每个评价要素中至少各有一项优选项得分,优选项总分不小于 12 分;
④ 技术创新加分 $W_2\geqslant 1.5$ 分。
(3) 优良
① 控制项全部满足要求;
② 单位工程评价总得分 $W\geqslant 90$ 分,且权重最大阶段得分不小于 90 分;
③ 每个评价要素中至少有两项优选项得分,且优选项总分不小于 25 分;
④ 技术创新加分 $W_2\geqslant 3$ 分。
结论:</td></tr>
<tr><td rowspan="2">签字栏</td><td colspan="4">建设单位(组织)</td><td colspan="4">监理单位(参与)</td><td colspan="3">施工单位(参与)</td></tr>
<tr><td colspan="2">签字人:</td><td colspan="2">职务:</td><td colspan="2">签字人:</td><td colspan="2">职务:</td><td colspan="2">签字人:</td><td>职务:</td></tr>
</table>

表 6.17 单位工程评价汇总表(矿山法隧道工程)

<table>
<tr><td>工程名称</td><td colspan="2"></td><td colspan="2">工程所在地</td><td colspan="2"></td></tr>
<tr><td>施工单位名称</td><td colspan="2"></td><td colspan="2">填表日期</td><td colspan="2"></td></tr>
<tr><td>施工阶段</td><td colspan="2">单位工程竣工或申请五方验收</td><td colspan="2">工程类别</td><td colspan="2">市政工程</td></tr>
<tr><td>评价阶段</td><td colspan="2">阶段得分</td><td colspan="2">权重系数</td><td colspan="2">权重后得分</td></tr>
<tr><td>开挖</td><td colspan="2"></td><td colspan="2">0.40</td><td colspan="2"></td></tr>
<tr><td>衬砌与支护</td><td colspan="2"></td><td colspan="2">0.40</td><td colspan="2"></td></tr>
<tr><td>附属设施</td><td colspan="2"></td><td colspan="2">0.20</td><td colspan="2"></td></tr>
<tr><td>单位工程绿色评价
基本得分 W_1</td><td colspan="2">—</td><td colspan="2">W_1</td><td colspan="2"></td></tr>
<tr><td>技术创新加分 W_2</td><td colspan="2">—</td><td colspan="2">W_2</td><td colspan="2"></td></tr>
<tr><td>评价结论</td><td colspan="6">$W=W_1+W_2$
(1) 不合格
① 存在任意一项控制项不满足要求;
② 单位工程评价总得分 $W<65$ 分;
③ 权重最大阶段得分小于 65 分。
(2) 合格
① 控制项全部满足要求;
② 单位工程评价总得分 65 分 $\leqslant W<90$ 分,权重最大阶段得分不小于 65 分;
③ 每个评价要素中至少各有一项优选项得分,优选项总分不小于 12 分;
④ 技术创新加分 $W_2\geqslant1.5$ 分。
(3) 优良
① 控制项全部满足要求;
② 单位工程评价总得分 $W\geqslant90$ 分,且权重最大阶段得分不小于 90 分;
③ 每个评价要素中至少有两项优选项得分,且优选项总分不小于 25 分;
④ 技术创新加分 $W_2\geqslant3$ 分。
结论:</td></tr>
<tr><td rowspan="2">签字栏</td><td colspan="2">建设单位(组织)</td><td colspan="2">监理单位(参与)</td><td colspan="2">施工单位(参与)</td></tr>
<tr><td>签字人:</td><td>职务:</td><td>签字人:</td><td>职务:</td><td>签字人:</td><td>职务:</td></tr>
</table>

表 6.18　单位工程评价汇总表(盾构法隧道工程)

工程名称		工程所在地	
施工单位名称		填表日期	
施工阶段	单位工程竣工或申请五方验收	工程类别	市政工程
评价阶段	阶段得分	权重系数	权重后得分
始发与接收		0.40	
掘进与衬砌		0.40	
附属设施		0.20	
单位工程绿色评价基本得分 W_1	—	W_1	
技术创新加分 W_2	—	W_2	
评价结论	$W=W_1+W_2$ (1) 不合格 ① 存在任意一项控制项不满足要求； ② 单位工程评价总得分 $W<65$ 分； ③ 权重最大阶段得分小于 65 分。 (2) 合格 ① 控制项全部满足要求； ② 单位工程评价总得分 65 分$\leqslant W<90$ 分，权重最大阶段得分不小于 65 分； ③ 每个评价要素中至少各有一项优选项得分，优选项总分不小于 12 分； ④ 技术创新加分 $W_2\geqslant1.5$ 分。 (3)优良 ① 控制项全部满足要求； ② 单位工程评价总得分 $W\geqslant90$ 分，且权重最大阶段得分不小于 90 分； ③ 每个评价要素中至少有两项优选项得分，且优选项总分不小于 25 分； ④ 技术创新加分 $W_2\geqslant3$ 分。 结论：		

签字栏	建设单位(组织)		监理单位(参与)		施工单位(参与)	
	签字人：	职务：	签字人：	职务：	签字人：	职务：

表 6.19 单位工程评价汇总表(管线工程)

<table>
<tr><td>工程名称</td><td colspan="2"></td><td colspan="2">工程所在地</td><td colspan="2"></td></tr>
<tr><td>施工单位名称</td><td colspan="2"></td><td colspan="2">填表日期</td><td colspan="2"></td></tr>
<tr><td>施工阶段</td><td colspan="2">单位工程竣工或申请五方验收</td><td colspan="2">工程类别</td><td colspan="2">市政工程</td></tr>
<tr><td>评价阶段</td><td colspan="2">阶段得分</td><td colspan="2">权重系数</td><td colspan="2">权重后得分</td></tr>
<tr><td>定位</td><td colspan="2"></td><td colspan="2">0.10</td><td colspan="2"></td></tr>
<tr><td>安装</td><td colspan="2"></td><td colspan="2">0.60</td><td colspan="2"></td></tr>
<tr><td>测试与联网</td><td colspan="2"></td><td colspan="2">0.30</td><td colspan="2"></td></tr>
<tr><td>单位工程
基本得分 W_1</td><td colspan="2">—</td><td colspan="2">W_1</td><td colspan="2"></td></tr>
<tr><td>技术创新加分 W_2</td><td colspan="2">—</td><td colspan="2">W_2</td><td colspan="2"></td></tr>
<tr><td>评价结论</td><td colspan="6">$W=W_1+W_2$
(1) 不合格
① 存在任意一项控制项不满足要求；
② 单位工程评价总得分 $W<65$ 分；
③ 权重最大阶段得分小于 65 分。
(2) 合格
① 控制项全部满足要求；
② 单位工程评价总得分 65 分 $\leqslant W<90$ 分，权重最大阶段得分不小于 65 分；
③ 每个评价要素中至少各有一项优选项得分，优选项总分不小于 12 分；
④ 技术创新加分 $W_2\geqslant1.5$ 分。
(3)优良
① 控制项全部满足要求；
② 单位工程评价总得分 $W\geqslant90$ 分，且权重最大阶段得分不小于 90 分；
③ 每个评价要素中至少有两项优选项得分，且优选项总分不小于 25 分；
④ 技术创新加分 $W_2\geqslant3$ 分。
结论：</td></tr>
<tr><td rowspan="2">签字栏</td><td colspan="2">建设单位(组织)</td><td colspan="2">监理单位(参与)</td><td colspan="2">施工单位(参与)</td></tr>
<tr><td>签字人：</td><td>职务：</td><td>签字人：</td><td>职务：</td><td>签字人：</td><td>职务：</td></tr>
</table>

6.2 技术创新评价指标

绿色施工应开展技术创新活动，技术创新应包括下列内容：

(1) 装配式施工技术；

(2) 信息化施工技术；

(3) 基坑与地下工程施工的资源保护和创新技术；

(4) 建材与施工机具和设备绿色性能评价及选用技术；

(5) 钢结构、预应力结构和新型结构施工技术；

(6) 高性能混凝土应用技术；

(7) 高强度、耐候钢材应用技术；

(8) 新型模架开放与应用技术；

(9) 建筑垃圾减排及回收再利用技术；

(10) 其他先进施工技术。

技术创新应有专业技术先进性和综合价值的评审资料。技术创新加分应按本书第 6.1.3 节的第(9)项加分方式进行核定。

思　考　题

(1) 建筑工程绿色施工评价框架体系内容包括哪些？

(2) 试简述绿色施工评价的基本过程和方法。

(3) 技术创新评价指标内容包括哪些？

参考文献

[1] 马祥.BIM技术背景下绿色建筑与装配式建筑融合发展的趋势研究[D].青岛:青岛理工大学,2018.

[2] 曾理.温州市推进绿色建筑工作的现状、问题及对策研究[D].湘潭:湘潭大学,2016.

[3] 徐歆文.绿色建筑施工技术应用研究——以宝时得中国总部为例[D].武汉:湖北工业大学,2018.

[4] 肖绪文,冯大阔.我国推进绿色建造的意义与策略[J].施工技术,2013,42(7):1-4,40.

[5] 肖绪文,冯大阔.建筑工程绿色建造技术发展方向探讨[J].施工技术,2013,42(11):8-10.

[6] 肖绪文,冯大阔.国内外绿色建造推进现状研究[J].建筑技术开发,2015,42(2):7-11.

[7] 肖绪文.绿色建造发展现状及发展战略[J].施工技术,2018,47(6):1-4,40.

[8] 中华人民共和国住房和城乡建设部.建筑业10项新技术(2017版)[M].北京:中国建材工业出版社,2018.

[9] 中国工程建设标准化协会.绿色建材评价标准(征求意见稿).中国工程建设协会,2019.

[10] 国家市场监督管理总局,中国国家标准化管理委员会.建筑施工机械绿色性能指标与评价方法:GB/T 38197—2019[S].北京:中国标准出版社,2019.

[11] 中华人民共和国住房和城乡建设部,中华人民共和国国家质量监督检验检疫总局.建筑工程绿色施工规范:GB/T 50905—2014[S].北京:中国建筑工业出版社,2014.

[12] 中华人民共和国住房和城乡建设部,国家市场监督管理总局.绿色建筑评价标准:GB/T 50378—2019[S].北京:中国建筑工业出版社,2019.

[13] 中华人民共和国住房和城乡建设部,国家市场监督管理总局.建筑与市政工程绿色施工评价标准:GB/T 50640—2023[S].北京:中国建筑工业出版社,2023.

[14] 中国建筑业协会.建筑工程绿色建造评价标准:T/CCIAT 0048—2022[S].北京:中国建筑工业出版社,2023.

[15] 肖绪文,罗能镇,蒋立江,等.建筑工程绿色施工[M].北京.中国建筑工业出版社,2013.